Lernsituationen Landwirtschaft

Landwirt/-in

1. Ausbildungsjahr / BGJ Agrarwirtschaft

Aumüller · Dürnegger · Eder · Hepper · Köster · Müller · Wilhelmi

1. Auflage

VERLAG EUROPA-LEHRMITTEL
Nourney, Vollmer GmbH & Co. KG
Düsselberger Straße 23
42781 Haan-Gruiten

Europa-Nr.: 67449

EUROPA LEHRMITTEL

Autoren
Martin Aumüller, 94133 Röhrnbach
Christin Dürnegger, 72537 Mehrstetten
Dr. phil. Antje Eder, 93109 Wiesent
Jens Hepper, 37589 Kalefeld
Erwin Köster, 48291 Telgte
Lena Müller, 82362 Weilheim
Andreas Wilhelmi, 95213 Münchberg

Arbeitskreisleiterin
Dr. phil. Antje Eder, 93109 Wiesent

1. Auflage 2019

Druck 5 4 3

Alle Drucke derselben Auflage sind parallel einsetzbar, da sie bis auf die Behebung von Druckfehlern untereinander unverändert sind.

ISBN 978-3-8085-6744-9

Umschlag, Satz, Grafiken: zweiband.media, Berlin
Umschlagfoto: © Franco Nadalin – stock.adobe.com
Druck: Elanders Waiblingen GmbH, 71332 Waiblingen

Inhaltsverzeichnis

Vorwort

„Lernsituationen Landwirtschaft" ist ein neu entwickeltes **Arbeitsbuch** für die Ausbildung in der Landwirtschaft. Es bietet praxisorientierte Lernsituationen, die anlässlich des neuen bayerischen **Lehrplans von Juli 2018 für den Ausbildungsberuf „Landwirt/-in"** auf Basis des bundesweiten Rahmenlehrplans von 1994 entwickelt wurden. Das vorliegende Buch behandelt die **Lernfelder des 1. Ausbildungsjahres**. Es richtet sich an:

- Lehrende und Lernende im **Ausbildungsberuf „Landwirt/-in"**
- Lehrende und Lernende im **Ausbildungsberuf „Fachkraft für Agrarservice"**
- Lehrende und Lernende im **Ausbildungsberufen „Tierwirt/-in"** und **„Pferdewirt/-in"**
- Dozent/-innen und Teilnehmer/-innen in der **Aus-, Fort- und Weiterbildung für landwirtschaftliche Berufe**

Kompetenzentwicklung anhand praxisorientierter Lernsituationen

„Lernsituationen Landwirtschaft", 1. Ausbildungsjahr bildet Band 1 des Programms zur Unterstützung der lernfeldorientierten Ausbildung in der Landwirtschaft und versteht sich als **lehrplanorientierte Ergänzung und Aktualisierung der in der landwirtschaftlichen Ausbildung genutzten Lehr- und Fachbücher**. Dies folgt dem kompetenz- und lernfeldorientierten Ansatz.

Der Band „Lernsituationen für Landwirte im ersten Ausbildungsjahr" umfasst die **Lerngebiete 1–3** des Rahmenlehrplans der ständigen Konferenz der Kultusminister (Oktober 1994):

1. **Pflanze (Standortaufnahme, Bodenbearbeitung, Aussaat/Pflanzung, Düngung, Bestandspflege, Vermarktung/Betriebserfolg)**
2. **Tier (Fütterung, Zucht, Haltung/Pflege, Vermarktung/Betriebserfolg)**
3. **Alternative Landwirtschaft**

Vollständige Handlung

Fach- und handlungssystematische Strukturen sind in **„Lernsituationen Landwirtschaft"** so angelegt, dass die vollständige Handlung in ihren Phasen durch selbstständiges **Planen, Durchführen, Kontrollieren und Beurteilen** in den Lernsituationen und Aufgaben nachvollzogen werden kann. Durch den „Blick in die Praxis" besteht eine direkte Verzahnung mit den Anforderungen der jeweiligen Betriebsstrukturen. Je nach Organisation der schulischen Ausbildung der Landwirtschaft in den einzelnen Bundesländern kann von **Ausbildungsbetrieben** (im Rahmen einer kooperativen Form) oder von **Praxisbetrieben** (im Rahmen einer vollschulischen Form) ausgegangen werden.

Übung und Vertiefung betrieblicher und fachlicher Problemfelder – selbstständig und eigenverantwortlich

Das Arbeitsbuch dient einer **Vertiefung der berufsschulischen Lehrinhalte** und baut eine Brücke zur fachpraktischen Ausbildung in den landwirtschaftlichen Betrieben. Es bildet einen didaktischen Leitfaden zur handlungsorientierten Unterrichtsgestaltung für den berufsschulischen Unterricht und die betriebliche Ausbildung. Darüber hinaus bietet dieses Werk für Auszubildende die Möglichkeit, Unterrichtsinhalte **selbstständig und eigenverantwortlich** zu wiederholen und zu vertiefen, um so einen Zugang aus der Perspektive des Praktikers zu erhalten. Die fachliche Reflexion kann direkt über die angegebenen Lösungen erfolgen.

Der Bezug zur praktischen Umsetzung in den verschiedenen Betrieben spannt den Bogen zur beruflichen Wirklichkeit mit ihren **ökonomischen, ökologischen, rechtlichen und sozialen** Aspekten: vom fachlichen Handeln bis hin zu einem reflektierten Verständnis des Handelns in beruflichen Zusammenhängen. So können die Schüler die Bereitschaft und Befähigung entwickeln, Aufgaben und Problemsituationen auf Grundlage des fachlichen Wissens und Könnens zielorientiert, sachgerecht, methodengeleitet und selbstständig zu lösen sowie die erzielten Ergebnisse zu reflektieren.

Orientierung am Arbeits- und Produktionsprozess in der Praxis

Die Lernsituationen stellen einen an der Praxis orientierten Arbeits- und Produktionsprozess dar. Die übergeordneten agrarischen Aspekte zur **ökologischen Landwirtschaft**, zum **Tierschutz und Tierwohl**, zur **Nachhaltigkeit in agrarischen Produktionsprozessen**, zur **Regionalisierung**, zur **Diversifizierung** sowie zur **Hygiene und Qualitätssicherung** haben in allen konstruierten Lernfeldern einen immanenten Charakter und können über die Aufgabenstellung hinaus weiter diskutiert werden. Inhalte zur **Landtechnik**, zum **betriebswirtschaftlichen Handeln** und zum **angewandten Fachrechnen** sind den einzelnen Lernsituationen zugeordnet.

Handlungsfeldstruktur

Dieses Buch soll auch durch gezielte Aufgaben die berufliche Argumentation und die Diskursfähigkeit der Auszubildenden stärken. Hierbei erhalten die Schüler die Möglichkeit, fachliche Argumentationsketten zu entwickeln und die Diskursfähigkeit zu schulen. Diese Art der Aufgabenstellung bereitet gezielt auf mündliche und praktische Prüfungssituationen vor.
Aus den Lerngebieten des Rahmenlehrplans ergibt sich eine Handlungsfeldstruktur, die analog zur landwirtschaftlichen Produktion in einer Vegetationsperiode verläuft. Durch die Tatsache, dass nur in einzelnen Bundesländern Lehrpläne nach dem Lernfeldansatz existieren, geht das Autorenteam von Handlungsfeldern aus. Der Übertrag in die bundeslandtypischen, vorgegebenen didaktischen Strukturen (z. B. in Form eines didaktischen Jahrplanes) wird dadurch aus Sicht der Autoren erleichtert.

Die Verwendung nur eines grammatikalischen Geschlechts bei Berufs- und Gruppenbezeichnungen wurde im Hinblick auf den Lesefluss gewählt. Sie stellt keine Meinungsäußerung zur Geschlechterrolle dar.

Ihr Feedback ist uns wichtig!

Für Anregungen und konstruktive Kritik sind wir jederzeit dankbar. Bitte senden Sie uns diese unter lektorat@europa-lehrmittel.de.

Herbst 2019

Autoren und Verlag

Die folgende Grafik stellt einen Leitfaden für die Handhabung dieses Arbeits- und Vertiefungsbuches dar:

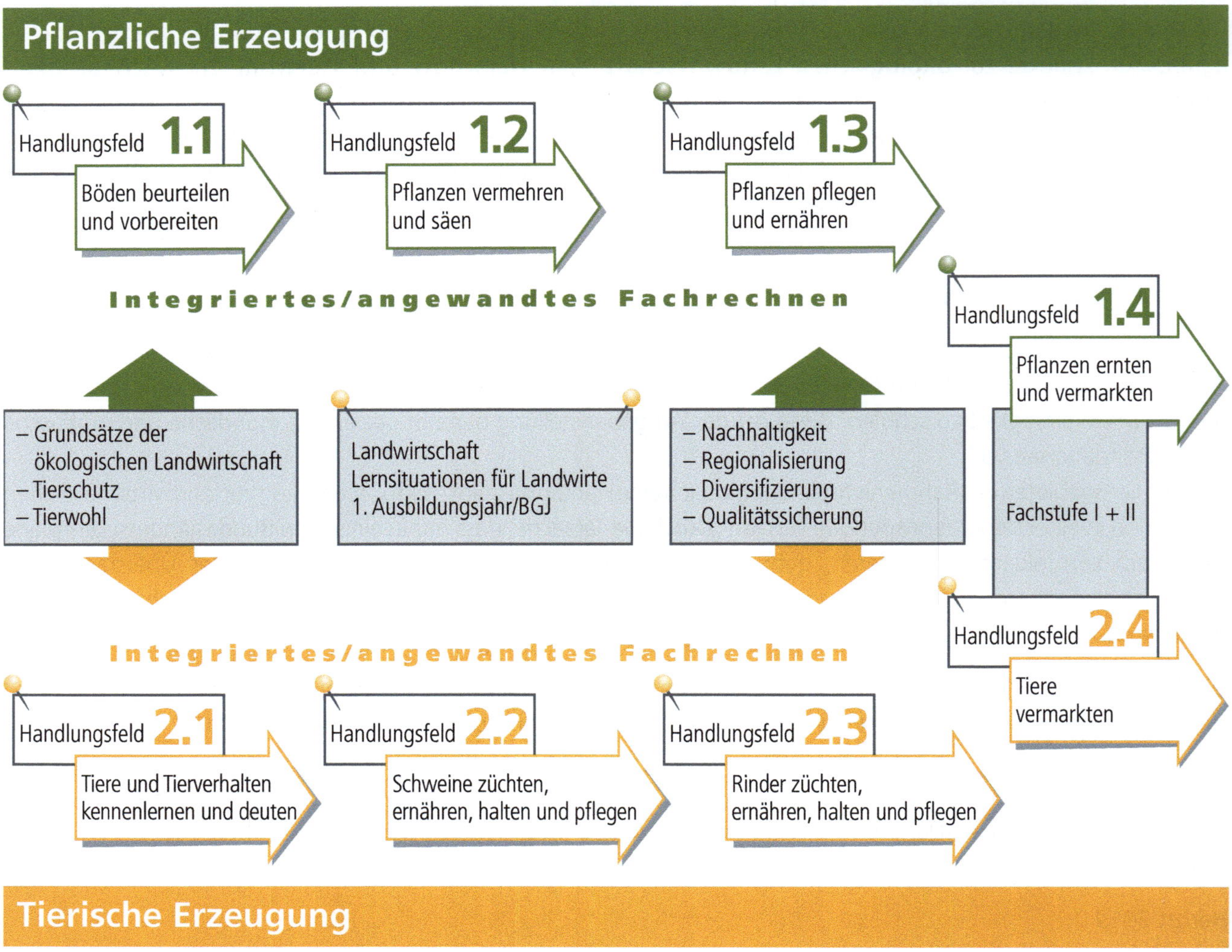

Abbildung 1: Lernlandkarte der Handlungsfelder

Leitfaden

Diese Gliederung hilft dabei, die fachlichen Inhalte den Lernfeldern schnell zuzuordnen. Zu Beginn eines jeden Handlungsfeldes bieten die unten stehenden Abbildungen einen kurzen inhaltlichen Überblick:

Abbildung 2: Einzeldarstellung Handlungsfeld 1.1

Lernsituation 1.1.1 Den Boden als Grundlage der Nahrungsproduktion kennenlernen
Bodenentstehung, Verwitterung, Bodenarten, Bodenstandteile, Bodenleben, Bodenprofile, Humus

Lernsituation 1.1.2 Ackerflächen für die Saat vorbereiten
Bodenbewertung, Bodenschutz, Erosion, Bodenbearbeitung, alternative Methoden der Bodenbearbeitung

Abbildung 1:
Einzeldarstellung Handlungsfeld 1.2

Lernsituation 1.2.1 Pflanzenbauliche Fortpflanzungsarten kennenlernen
Pflanzenorgane, generative, vegetative Vermehrung, Aufbau des Samenkorns, Blüte, Befruchtung, Bestäubung, Zuchtverfahren, Biotechnologie und Gentechnik

Lernsituation 1.2.2 Getreidesaatgut fachgerecht säen
Saatgutqualität, Aussaatbedingungen, Saatzeitpunkt, Aussaatmenge, Bestandsdichte, Fruchtfolgeplanung, Saatgutbehandlung, Nachbau-, Z-, Hybridsaatgut, Drillsaat, Einzelkornsaat, Mulchsaat, Sortenwahl

Abbildung 2:
Einzeldarstellung Handlungsfeld 1.3

Lernsituation 1.3.1 Schadursachen erkennen, einstufen und Lösungen finden
Stoffwechselprozesse, Schadfaktoren bei Kulturpflanzen, Grundsätze des integrierten Pflanzenbaus, Hacken, Striegeln, Spritzen, Gesundheitsschutz

Lernsituation 1.3.2 Pflanzen anhand der Gegebenheiten bedarfsgerecht düngen
Ionenaustausch, pH-Wert, Osmose, Diffusion, Hauptnährelemente, Spurenelemente, Nährstoffdynamik, Über- und Unterversorgung, Nährstoffverfügbarkeit

Abbildung 3:
Einzeldarstellung Handlungsfeld 1.4

Lernsituation 1.4.1 Vom Acker auf den Tisch
Erntetechnik, Reifezeitpunkt, Diversifizierung

Lernsituation 1.4.2 Pflanzliche Produkte vermarkten (Projektarbeit)
Vermarktung von Getreide, Diversifizierung

(**Hinweis:** Im Arbeits- und Vertiefungsbuch „Lernsituationen für Landwirte im ersten Ausbildungsjahr" wird das Handlungsfeld 1.4 nur kurz angesprochen. Die Vertiefung der fachlichen Inhalte erfolgt in in den Fachstufen.)

Abbildung 4:
Einzeldarstellung Handlungsfeld 2.1

Lernsituation 2.1.1 Tiere im Betrieb beobachten
Tierverhalten (Fress-, Lokomotions-, Spiel-, Komfort-, Erkundungsverhalten), Tierwohl, Tierschutz

Abbildung 1:
Einzeldarstellung Handlungsfeld 2.2

Lernsituation 2.2.1 Schweine fortpflanzen
Brunst, Besamung, Trächtigkeit, Geburt

Lernsituation 2.2.2 Ferkelflut im Schweinestall
Säugezeit, Aufzuchtstall, Haltung, Fütterung, Gesundheit

Abbildung 2:
Einzeldarstellung Handlungsfeld 2.3

Lernsituation 2.3.1 Rinder fortpflanzen
Zucht, Brunstzyklus und -zeichen, Geschlechtsorgane, Besamung, Trächtigkeit, Geburt

Lernsituation 2.3.2 Neues Leben im Rinderstall
Biestmilchperiode, Milchaustauscherphase, Beifütterung, Haltung, Gesundheit, Leistungsdaten

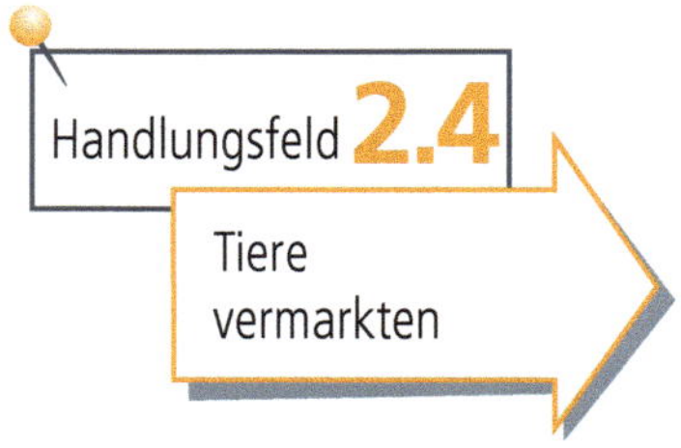

Abbildung 3:
Einzeldarstellung Handlungsfeld 2.4

Lernsituation 2.4.1 Vom Landwirt zum Verbraucher
Möglichkeiten der Vermarktung von Tieren, Diversifizierung

(**Hinweis:** Im Arbeits- und Vertiefungsbuch „Lernsituationen für Landwirte im ersten Ausbildungsjahr" wird das Handlungsfeld 2.4 nur kurz angesprochen. Die Vertiefung der fachlichen Inhalte erfolgt in den Fachstufen.)

Hinweise zur methodischen Handhabung

Das vorliegende Arbeitsbuch dient zur Vertiefung der fachtheoretischen und praktischen Kenntnisse und Fertigkeiten im Berufsgrundbildungsjahr zum Ausbildungsberuf Landwirt/Landwirtin.
Die Aufgabenstellung bedient sich verschiedener Aufgabenstile, gemäß den Vorgaben der Bloomschen Taxonomie [1]. Die nachstehende Tabelle bietet einen kurzen Überblick, welche Lösungstiefe bei den einzelnen Aufgaben zu erwarten ist (Tabelle 1).

Tabelle 1: Lösungsmuster für Aufgaben

Verb/Operator	Form der Bearbeitung
Nennen Sie … Zählen Sie auf …	Aufzählung
Sammeln Sie … Ordnen Sie …	Wissensspeicher anlegen

1 Typen und Stufen von Lernzielen

Verb/Operator	Form der Bearbeitung
Setzen Sie in Beziehung … Vergleichen Sie …	Vernetzung von Begriffen
Verbinden Sie …	Grafische Zuordnung
Beurteilen Sie …	Aufgrund eines fachlichen Sachverhalts eine Entscheidung treffen
Argumentieren Sie … Diskutieren Sie …	Argumente für und gegen ein Thema suchen und fachlich begründen
Ermitteln Sie … Berechnen Sie …	Rechenaufgaben lösen

Durch klare Piktogramme wird die Art und Weise der Bearbeitung schneller verdeutlicht. Jederzeit können aber auch eigenständige Darstellungsmöglichkeiten gewählt werden.

Tabelle 1: Aufgaben- und Methodencheck

Icons	Aufgaben
	Praxisaufgabe: Vergleichen Sie in Ihrem Betrieb.
	MindMap oder ConceptMap: Sammeln Sie Begriffe und setzen Sie diese in Beziehung.
	Rechercheaufgabe: Finden Sie zusätzliche Informationen zu dem Thema heraus.
	Fachliches Rechnen: Lösen Sie fachliche Rechenaufgaben zu den Handlungsfeldern.
	Diskussion: Planen und führen Sie eine fachliche Diskussion zum Handlungsfeld durch.
	Plakat: Gestalten Sie ein ansprechendes Plakat.
	Zuordnung: Ordnen Sie Begriffe richtig zu.
	Brainstorming: Überlegen Sie und schreiben Sie Ihre „Geistesblitze" zum Thema auf.
	Blitzlicht: Rufen Sie zum Handlungsfeld schnellstmöglich Fachbegriffe ab.
	Schaubild: Skizzieren Sie Schaubilder.

Icons	Aufgaben
	Auflistung: Erstellen Sie eine Reihung/Listung.
	Rollenspiel: Entwickeln Sie ein Rollenspiel, indem Sie sich in die beteiligten Personen(gruppen) hineindenken.
	Lückentext: Füllen Sie den Lückentext aus.
	Kreuzworträtsel: Bearbeiten Sie das Kreuzworträtsel.
	Versuch: Führen Sie einen Versuch durch.
	Flächenberechnung
	Längenberechnung
	Volumenberechnung
%	Prozentberechnung
ÖKO	Handlungsverfahren nach ökologischen und nachhaltigen Grundsätzen

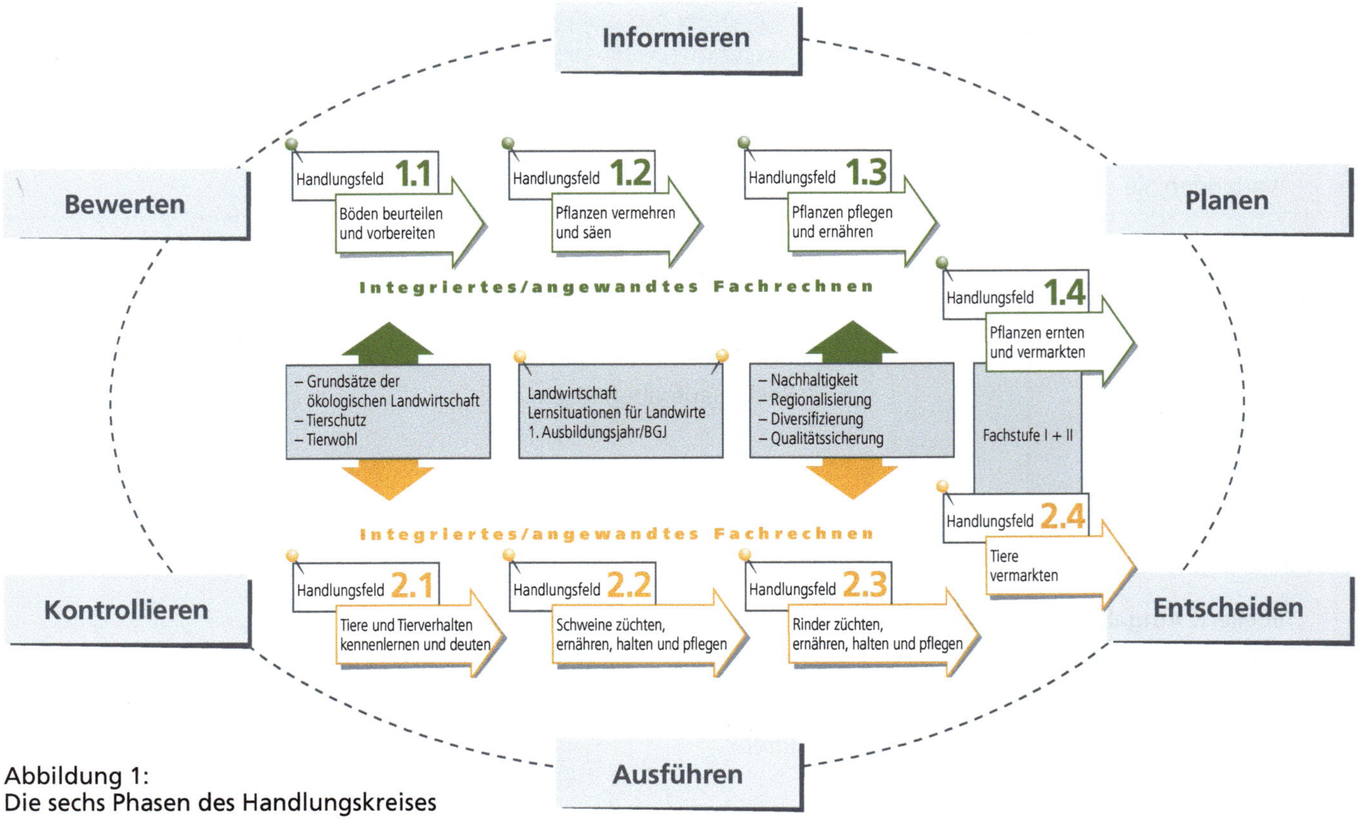

Abbildung 1:
Die sechs Phasen des Handlungskreises

Vollständige Handlung

Das Berufsfeld Landwirtschaft ist dadurch charakterisiert, dass die Akteure eigenverantwortlich und oftmals auf sich selbst gestellt im beruflichen Kontext handeln und entscheiden müssen. Für die Förderung dieser Kompetenz eignet sich das Lernen in Handlungssituationen der beruflichen Lebenswelt. Die Aufgabenstellungen in diesem Buch sind daher auf Grundlage der im Lehrplan festgelegten Vorgaben erstellt worden. Diese können in Einzel-, Partner- oder Gruppenarbeit gelöst und in Form der vollständigen Handlung bearbeitet werden.

Vielfältige Anforderungen in einer modernen Landwirtschaft bringen es mit sich, dass Landwirte stetig vor neuen Herausforderungen stehen. Umweltschutzauflgagen, Verbrauchererwartungen oder aktuelle Vorgaben des Tierschutzes müssen beachtet und erfüllt werden. Dies bedingt, dass sich die Landwirte beispielsweise über neue Sorten informieren, Alternativen miteinander vergleichen, eine Entscheidung zur Bewirtschaftung treffen, den Betrieb bewirtschaften, das Ernteergebnis kontrollieren und bewerten müssen.

Dies findet sich in den sechs Phasen des Handlungskreises wieder:

Informieren: Analyse der Problem-/Aufgabenstellung oder des Phänomens (z. B. „Wohin verschwindet das auf dem Acker verbleibende Stroh?“). Recherche sowie Klärung der Ziele (z. B. ökologisch, konventionell, biologisch-dynamisch, bio-vegan).

Planen: Festlegung der notwendigen Arbeitsschritte und Aufgaben etc. Wie viel Zeit brauche ich? Wer hilft mir?

Entscheiden: Welche Vor- und Nachteile müssen abgewogen werden? Welches ist der ökologisch, ökonomisch, sozial und kulturell sinnvollste Lösungsweg?

Ausführen: Aktiv werden und handeln.

Kontrollieren: Vergleichen, was man erwartet hat, mit dem, was tatsächlich dabei herausgekommen ist.

Bewerten: Was können wir für die Zukunft ableiten? Was müssen wir wiederholen? Müssen wir den Versuch noch einmal durchführen?

1 Pflanzliche Erzeugung

1.1 Böden beurteilen und vorbereiten

Handlungsfeld **1.1**

Böden beurteilen und vorbereiten

Lernsituation 1.1.1 Den Boden als Grundlage der Nahrungsproduktion kennenlernen
Bodenentstehung, Verwitterung, Bodenarten, Bodenstandteile, Bodenleben, Bodenprofile, Humus

Lernsituation 1.1.2 Ackerflächen für die Saat vorbereiten
Bodenbewertung, Bodenschutz, Erosion, Bodenbearbeitung, alternative Methoden der Bodenbearbeitung

Lernsituation 1.1.1 Den Boden als Grundlage der Nahrungsproduktion kennenlernen

Situation

Im Frühjahr steht in Ihrem Praxisbetrieb eine Feldbegehung an. Auf einer Anhöhe stoppt Ihr Ausbilder und bittet Sie, die Umgebung genau zu betrachten.

Abbildung 1: Aussicht auf Ihre Umgebung

Dabei fallen Ihnen unterschiedliche Oberflächenfärbungen der unbewachsenen Böden auf.

Der Boden stellt für einen landwirtschaftlichen Betrieb die wichtigste Produktionsgrundlage dar. Mit den Worten „Der Boden ist **unvermehrbar**, **unverrückbar** und bei nachhaltiger Bewirtschaftung **unbegrenzt** nutzbar." weist Ihr Ausbilder auf die besondere Bedeutung dieses Produktionsfaktors hin.

Weiter erklärt er Ihnen, dass die Bodenbildung bzw. Bodenentstehung ein langer Prozess ist, der von verschiedenen Faktoren beeinflusst wird.

1 Sammeln Sie in einer **Word Cloud** mögliche Begriffe zum Thema Boden und dessen Entstehung.

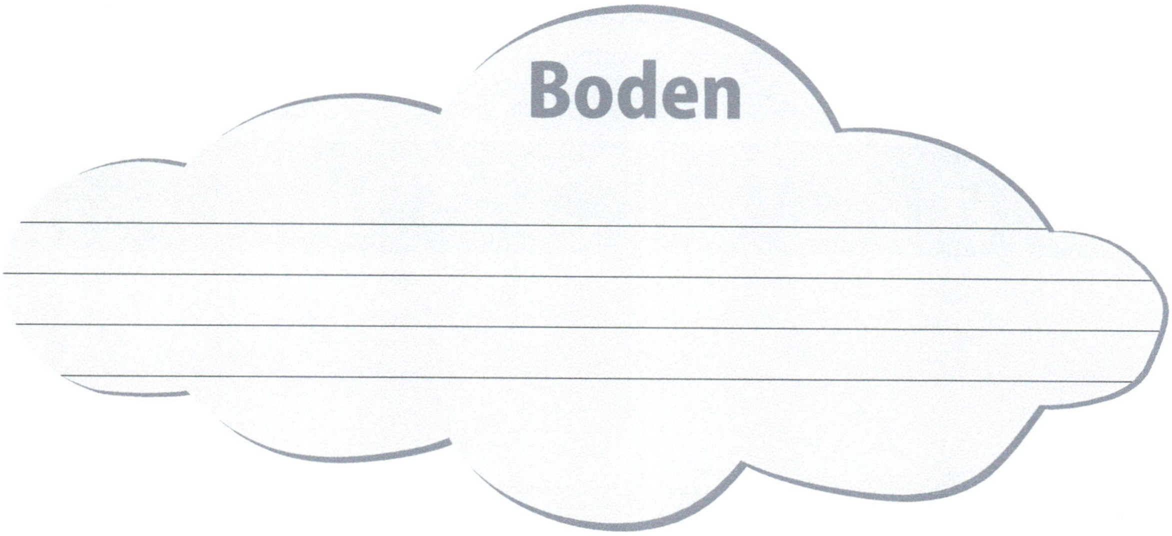

2 Die regionale Bodenbildung hängt unter anderem vom Ausgangsgestein und von unterschiedlichen geologischen Prozessen ab. Nennen Sie die Bezeichnungen der Ausgangsgesteine und die Beschreibung der Prozesse in der unten stehenden Tabelle.

Tabelle 1: Gesteinsarten, Bodenbildungsprozesse

Ausgangsgestein	
Prozesse	

3 Vervollständigen Sie den Gesteinskreislauf mit den Fachbegriffen aus dem Wortkasten.

Magmatite ▪ Magma ▪ Aufstieg ▪ Aufstieg ▪ Auswurf von Lava ▪ Einschmelzung ▪ Erstarrung im Erdinneren ▪ Gesteinsmetamorphose ▪ Druck ▪ Wärme ▪ Bruch ▪ Druck ▪ Verwitterung ▪ Transport ▪ Verfestigung ▪ Gebirge

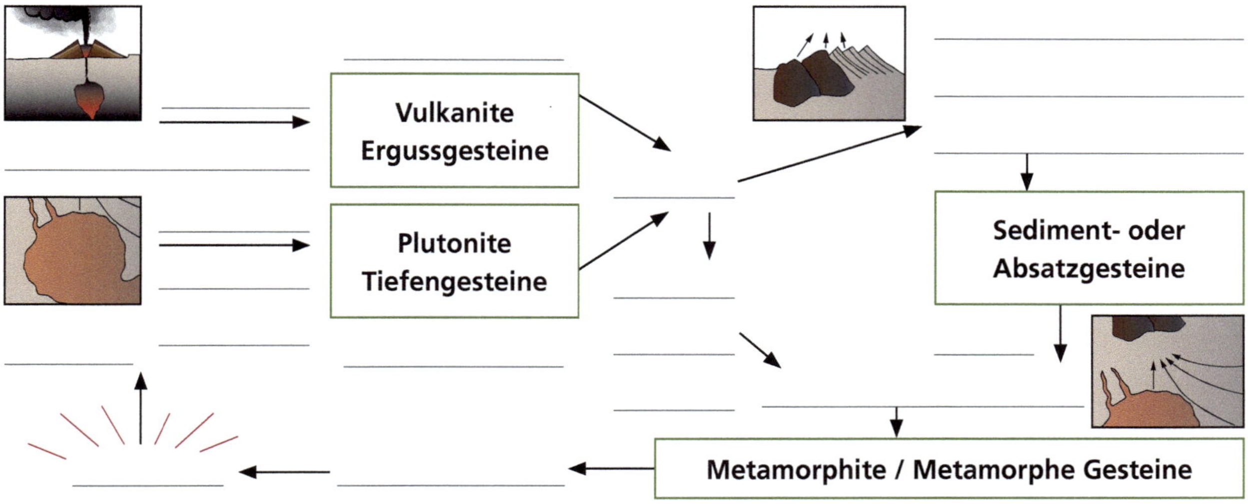

Abbildung 1: Gesteinskreislauf

4 In einem Jahrtausende andauernden Verwitterungsprozess entsteht aus dem Ausgangsgestein fruchtbarer Boden. Erklären Sie an je einem Beispiel die chemische, physikalische und biologische Verwitterung.

Tabelle 1: Zuordnung der Verwitterungsprozesse

Chemisch	Biologisch	Physikalisch

5 Ergänzen Sie die fehlenden Bestandteile des Bodens in der unten stehenden Grafik und berechnen Sie die Prozentangaben.

Wasser ■ Luft ■ Humus ■ Pflanzenwurzeln ■ Bakterien ■ mineralische Substanz ■ Regenwürmer ■ Algen und Pilze ■ Insekten und Spinnentiere

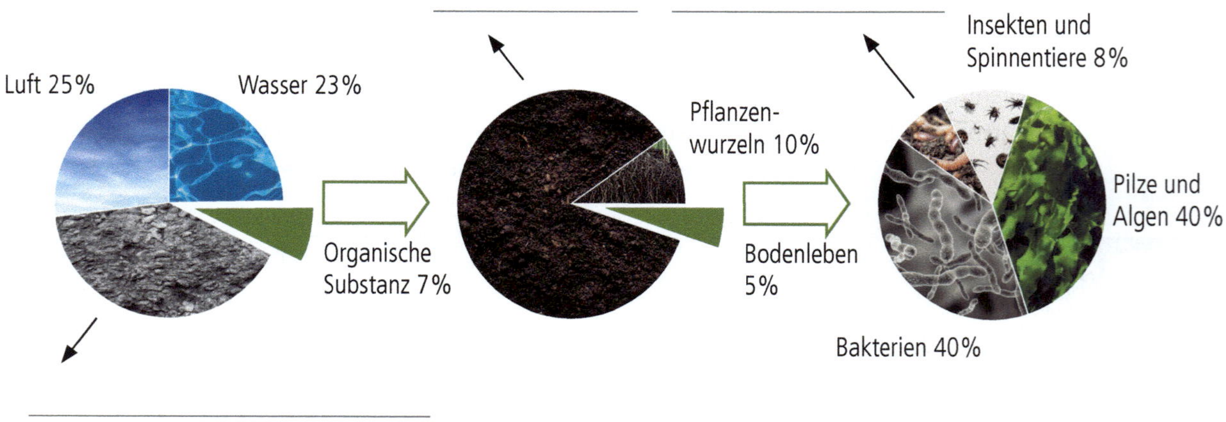

Abbildung 1: Bestandteile des Bodens

6 Das Ergebnis der Verwitterung sind die unterschiedlichen Bodenarten. Ihr Ausbilder wiederholt mit Ihnen die Durchführung der einfachen Fingerprobe. Er beauftragt Sie, auf zwei unterschiedlichen Schlägen Fingerproben durchzuführen:

Schlag A: Knirscht nicht, (bleistift-)dünn ausrollbar, glänzende Schmierschicht an den Fingern
Schlag B: Knirscht zwischen den Zähnen, nicht ausrollbar, keine Haftung zwischen den Fingerrillen

Bestimmen Sie die Bodenarten der Schläge A und B.
Ergänzen Sie die folgende Tabelle hinsichtlich landwirtschaftlicher Nutzbarkeit.

Tabelle 1: Vergleich Schlag A und B

	Schlag A	Schlag B
Bodenart		
Eigenschaften		
Folge		
Besonderheiten		

7 Ihr Ausbilder gibt Ihnen das Ergebnis einer Bodenuntersuchung zur Hand.
Er bittet Sie, daraus mithilfe des Bodendreiecks (siehe **Abbildung 1**) die Bodenarten zu bestimmen.

Tabelle 2: Ergebnis der Bodenuntersuchung

Horizonte cm	pH-Wert $CaCl_2$	Kalziumcarbonat $CaCO_3$ %	Humus %	Korngrößenverteilung			Bodenart	Kationenaustauschkapazität cmolc/kg	Leitfähigkeit µS/cm	Feldkapazität mm/dm	Nutzbare Feldkapazität	nFK im effektiven Wurzelraum
				Sand %	Schluff %	Ton %						
0–30	6,52	0,0	2,3	56,7	34,2	9,2	Sl3	11,97	24	25	18	54
30–50	5,61	0,0	0,5	48,2	35,8	16,0	Sl4	15,61	15	33	16	32
50–120	4,38	0,0	0,3	41,9	43,6	14,4	Slu	13,78	121			

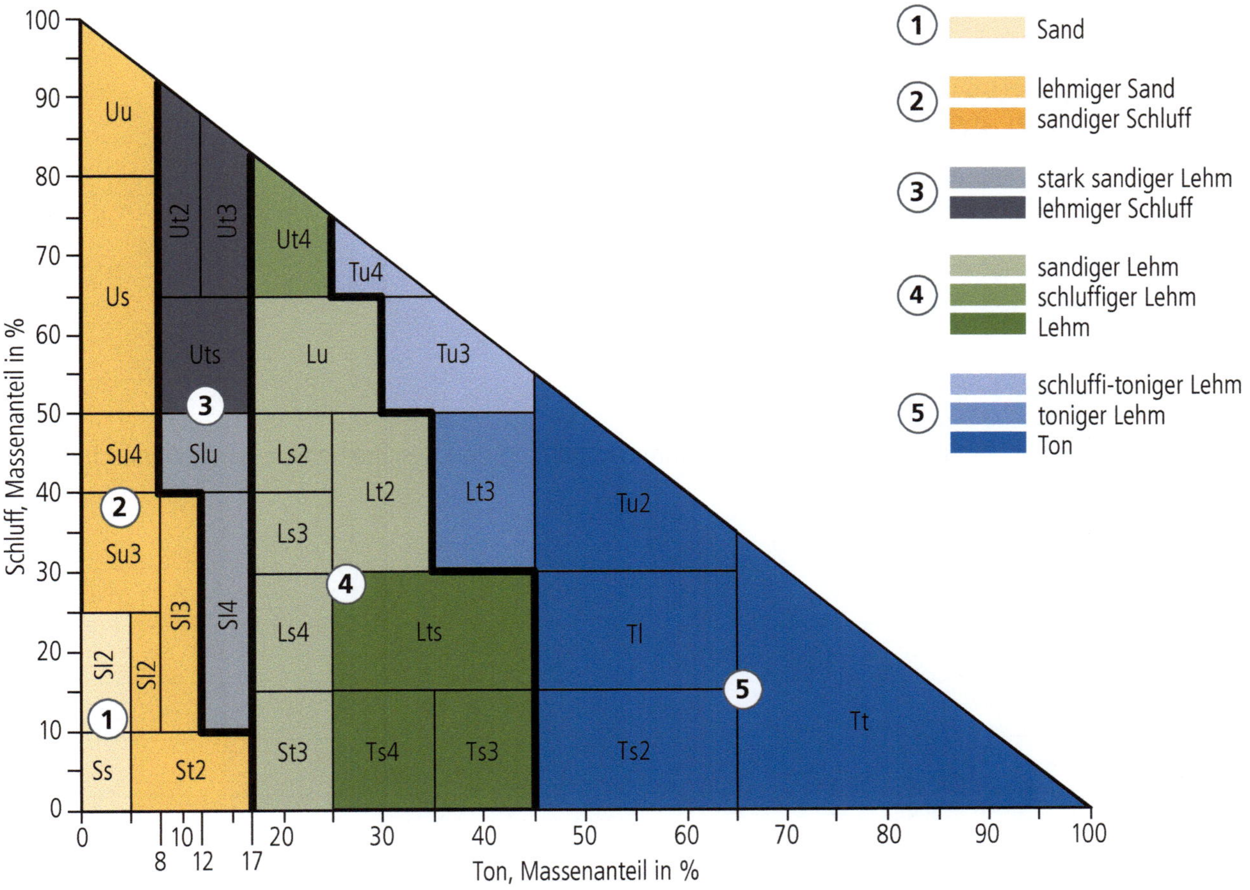

Abbildung 1: Bodenarten nach LUFA

8 Die folgenden Abbildungen zeigen links einen Querschnitt durch „Schwarzerde auf Löss“ und rechts „Felsenbraunerde über Pseudogley“ durch zwei Bodenprofile unterschiedlicher Standorte.

Ordnen Sie die Bodenprofile zu und beschreiben Sie deren Eigenschaften.

Tabelle 1: Vergleich Schwarzerde zu Felsenbraunerde

Horizont 1	Horizont 2

Eigenschaften:	**Eigenschaften:**

9 Informieren Sie sich in Ihrem Praxisbetrieb, welche Auswirkungen die unterschiedlichen Bodenbeschaffenheiten für die landwirtschaftliche Nutzung haben.

10 Informieren Sie sich über die Bodentypen in Ihrer Umgebung und beschreiben Sie deren Eigenschaften genau.

11 Bei der Entnahme von Bodenproben fanden Sie auch einen Regenwurm. Als Sie zurück auf dem Betrieb sind, gibt Ihnen Ihr Ausbilder den unten stehenden Artikel aus einer Fachzeitschrift. Suchen Sie alle Begriffe aus dem Wortgitter heraus und tragen Sie sie an den richtigen Stellen im Text ein.

V	E	L	G	R	B	C	H	Q	I	B	B	T	O	I	Y	J	B	X	B	V	A	J	O
L	R	Z	Y	J	L	Ü	F	T	U	N	G	S	K	A	N	Ä	L	E	I	F	K	N	Y
H	G	E	O	C	F	X	M	P	N	W	F	C	B	D	D	N	E	V	Q	G	M	L	Y
X	J	S	T	I	C	K	S	T	O	F	F	H	M	Y	M	O	O	H	P	L	Z	U	T
U	W	V	Y	J	T	Z	K	C	C	U	D	S	T	N	V	U	H	N	X	W	O	G	B
T	E	L	I	K	P	D	C	B	O	D	E	N	G	E	F	Ü	G	E	E	E	D	J	Q
B	Y	F	W	M	N	U	T	A	E	A	M	B	K	B	N	R	C	P	I	U	W	P	O
V	F	C	O	K	N	Ö	L	L	C	H	E	N	B	A	K	T	E	R	I	E	N	J	V
M	Z	Q	S	X	E	N	Q	V	K	H	V	S	I	O	C	S	O	R	Y	M	N	E	M
Q	J	X	L	N	G	U	P	Q	B	O	D	E	N	M	A	N	A	G	E	M	E	N	T
T	Y	M	I	D	J	Q	R	C	Y	N	B	U	J	L	L	D	B	P	U	V	B	W	F
P	T	W	F	N	M	X	B	W	I	M	T	X	K	B	S	H	O	B	W	L	X	Q	S
D	Q	I	T	O	K	F	X	I	F	Q	Y	B	V	Z	N	H	R	P	M	E	H	F	K
K	R	Ü	M	E	L	S	T	R	U	K	T	U	R	S	Ä	I	G	P	L	G	X	P	A
F	L	P	V	I	Y	X	E	M	S	D	L	X	D	I	H	R	A	P	W	U	U	O	L
E	A	Q	X	W	I	U	R	W	F	N	Z	V	H	P	R	G	N	Y	I	M	T	L	K
N	T	F	K	I	F	G	N	G	O	E	T	Y	U	H	S	M	I	H	P	I	B	F	R
S	S	N	K	F	J	H	T	S	J	O	Z	E	M	D	T	H	S	C	F	N	V	O	E
S	F	R	U	C	H	T	F	O	L	G	E	W	U	N	O	I	C	N	V	O	M	R	I
J	V	U	Z	U	D	T	G	P	K	V	G	J	S	S	F	C	H	D	E	S	Q	E	C
S	O	U	A	R	U	E	H	L	Q	F	M	G	V	F	F	W	E	G	W	E	T	R	H
W	U	R	Z	E	L	G	Ä	N	G	E	H	P	N	M	E	Z	S	F	I	N	E	R	E
D	M	R	R	C	H	H	X	W	E	K	I	T	M	J	Y	C	W	R	Y	D	L	T	N
X	E	N	Q	V	K	H	V	S	I	O	C	S	O	R	Y	M	N	E	U	Y	I	Y	Y

Abbildung 1: Wortgitter

Landwirt M. schwört auf seine Würmer. Der Landwirt erklärt, dass die kleinen Helfer nicht nur __________ Material abbauen und zu wertvollem ______ umbauen. Daraus können unsere Pflanzen wieder __________ im Boden erhalten. Zusätzlich stabilisieren sie durch eine Lebendverbauung das ____________. Sie verkitten die kleinen Bodenteilchen und es entsteht eine stabile ______________. Des Weiteren lockern und durchmischen sie unseren Boden. Ihre Gänge dienen als ____________, Sickerwasserrinnen und als ______________.

Andere Bodenorganismen, beispielsweise die _________________ der ____________ können wertvollen ________ aus der Luft binden. Der Landwirt kann anhand des vorkommenden Bodenlebens Rückschlüsse über seine Standortqualität ziehen. Weberknechte sind beispielsweise Anzeiger für einen __________ Boden, Mückenlarven hingegen finden sich auf sauren Böden.

„Das Bodenleben ist für uns Landwirte von großer Bedeutung und wir sollten sorgsam mit ihm umgehen. Eine gute, abwechslungsreiche __________, wenig chemischer Pflanzenschutz und ein optimales ________________ sind gute Voraussetzungen für das Gelingen!", sagt Landwirt M.

12 Führen Sie im Praxisbetrieb eine Spatenprobe durch und notieren Sie Ihre Beobachtungen nach den in der Tabelle genannten Kriterien. Vergleichen Sie Ihr Ergebnis mit dem Ihrer Klassenkameraden.

Tabelle 1: Beobachtungsbogen Spatenprobe

Kriterien	Anzahl
Wurzeln	
Abgestorbenes Pflanzenmaterial	
Regenwürmer	
Andere Würmer	
Insekten/Larven	
Spinnentiere	
Schnecken	
Regenwurm-/Wurzelgänge	
Krümelung	☐ hoch ☐ mittel ☐ niedrig
Bodenfeuchtigkeit	☐ hoch ☐ mittel ☐ niedrig

13 Sie stellen an einem Acker fest, dass kaum Bodenleben vorhanden ist. Informieren Sie sich über Maßnahmen zur Förderung des Bodenlebens in einem konventionell und einem biologisch bewirtschafteten Betrieb. Tragen Sie die Maßnahmen in der unten stehenden Tabelle ein. Nennen Sie ganz unten Ihr Fazit.

Tabelle 2: Vergleich konventioneller Betrieb zu ökologisch bewirtschaftendem Betrieb

Konventionell bewirtschafteter Betrieb	Ökologisch bewirtschafteter Betrieb

Fazit: ______________________________

14 Wenn in einer Handvoll Erde (ca. 50 g) eine Milliarde Lebewesen zu finden sind, wie viele Lebewesen finden Sie dann in einem Kubikmeter Erde (Dichte: 0,8 g/cm^3)?

15 Füllen Sie in ein großes Glas oder Terrarium verschiedene Schichten Boden und Sand. Befeuchten Sie alles und legen Sie an die Oberfläche z. B. trockene Blätter (als Nahrung für die Würmer). Setzten Sie danach drei bis vier (je nach Größe des Glases) Regenwürmer ein, die Sie z. B. im Garten gesammelt haben. Bringen Sie abschließend noch eine abnehmbare Verdunkelung an den Seitenwänden an. Beobachten Sie nun über mehrere Wochen die Tätigkeit der Würmer. Wichtig: Erde immer feucht halten und die Würmer mit Nahrung versorgen.

Notieren Sie die erzielten Ergebnisse.

16 Bei Ihrer Recherche zum Bodenleben finden Sie heraus, dass Humus eine bedeutende Rolle im Boden spielt. Beschriften Sie die unten stehende Grafik richtig.

Neue Pflanze entsteht ■ Laubabwurf ■ Zersetzung durch Bodenlebewesen (u. a. Würmer) und Mikroorganismen ■ Sommergrüner Baum ■ Aufnahme der organischen Substanz durch die Wurzel ■ Nährstoffentstehung

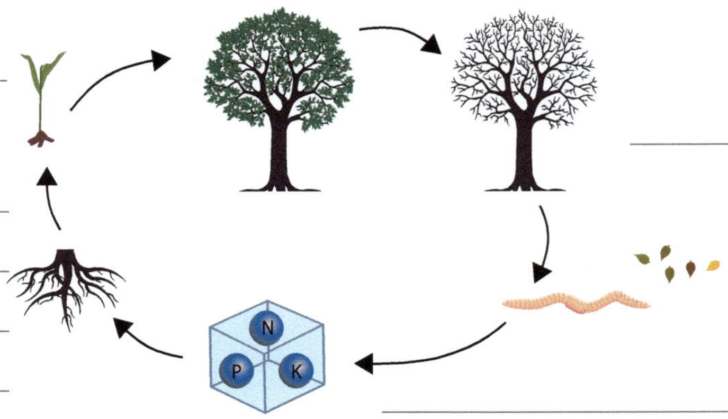

Abbildung 1: Prozess Humusentstehung

17 Testen Sie Ihr Wissen über Humus, indem Sie die folgenden Fragen mithilfe der nachfolgenden Wörter lösen.
Dafür müssen Sie diese zunächst in die richtige Reihenfolge bringen.

swrchaz, Auwsnauchg
Rshuhmuo, Snwanckuhgen
Seichpern, mrdeenh, flitern,
znerehnd, Toswadser, Kostlenhoff
Nofehrstäf, Bukenstrudtor

1 Diese Farbe hat Humus: ________

2 Diese Humusform zeigt alle drei Humuslagen mit scharfen Übergängen: ___________

3 Humus wirkt im Boden wie ein Schwamm.
Er kann Wasser __________ und ______.
Er ist im Vergleich zu __________ gut für Pflanzen verfügbar.

4 Humus liefert den Pflanzen wichtige ___________.

5 Außerdem kann Humus ____________ binden und entlastet somit die Umwelt.

6 Humus wirkt im Boden Gefüge schaffend und Gefüge stabilisierend, dies beeinflusst die _______________ positiv.

7 Anionen und Kationen werden von Humus gebunden. Somit wird deren _______________ ins Grundwasser gehindert.

8 Kalkreiche oder tonhaltige Böden besitzen ein größeres Puffervermögen als sandige Böden und sind daher weniger anfällig für starke pH-Wert-________________.

9 Halmfrüchte wirken bei Strohverbleib auf dem Feld humus__________, Blattfrüchte hingegen humus_________.

18 Bei einer Feldbegehung sehen Sie diesen Getreidebestand:

Abbildung 1: Getreidebestand mit Fahrspuren

a Diskutieren Sie die Ursachen und mögliche Folgen aus verschiedenen pflanzenbaulichen Perspektiven und tragen Sie diese in die Tabelle ein. Folgende Begriffe sollen Ihnen als Hilfestellung dienen: nFK, Todwasser, Bodenluft, Bodenbearbeitung und Düngung.

Tabelle 1: Ursachen und Folgen von Verdichtung

Ursachen	
Folgen	

b Erarbeiten Sie Lösungsstrategien für eine der von Ihnen in Teilaufgabe **a** genannten Ursachen.

19 Vergleichen Sie die beiden Abbildungen.
Beschreiben Sie Bild I und Bild II so genau wie möglich.
Finden Sie mögliche **Ursachen** für das unterschiedliche Aussehen der abgebildeten Böden.
Leiten Sie daraus **Folgen** für den Boden, die darauf angebaute Kultur und das Bodenleben ab.

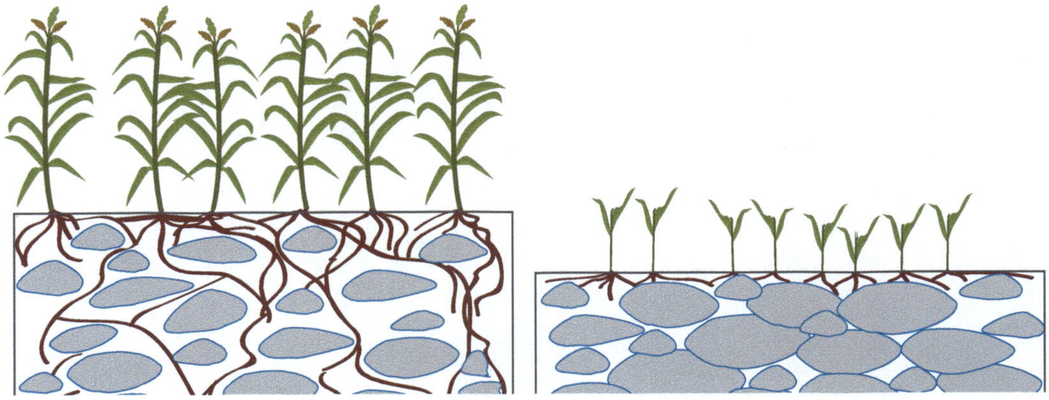

Abbildung 1: Schema Verdichtung

Tabelle 1: Vergleich Verdichtung

	Bild I	Bild II
Beschreibung		
Ursachen		
Folgen		

20 Vergleichen Sie die beiden nachfolgenden regionalen Extrembodenverhältnisse.

Diese beiden extremen Bodenprofile müssen innerhalb der zu bewirtschaftenden Flächen Ihres Betriebes bearbeitet werden. Charakterisieren Sie diese Bodenprofile und schließen Sie daraus Merkmale hinsichtlich:

Maschineneinsatz

Bodenbearbeitung

Fruchtbarkeit

Bodenverbesserung

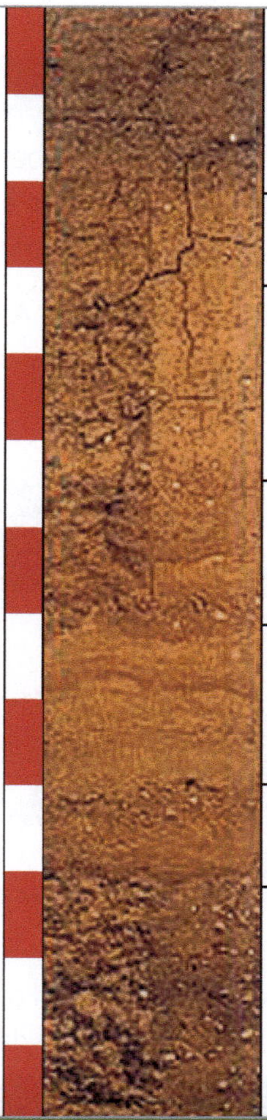

Bodenprofil der Region A (flachgründige, steinige Böden)		**Bodenprofil der Region B** (tiefgründige, humose Böden)
	Charakteristika	
	Maschineneinsatz	
	Bodenbearbeitung	
	Fruchtbarkeit	
	Bodenverbesserung	

Lernsituation 1.1.2 Ackerflächen für die Saat vorbereiten

Situation

Im Herbst steht in Ihrem Praxisbetrieb die Aussaat von Winterweizen und Wintergerste an. Ihr Ausbilder geht mit Ihnen die einzelnen Schritte der Bodenbearbeitung bis zur Aussaat noch einmal genau durch. Er zeigt Ihnen auf seinem Smartphone das folgende Bild.

„Ein optimales Saatbett ist das A und O für ein gutes Pflanzenwachstum!“, sagt er. Anschließend erklärt er Ihnen, worauf Sie achten müssen.

Abbildung 1: Stoppelfeld

1 Ihr Ausbilder bittet Sie, das Foto nochmals genauer zu betrachten. Nennen Sie mögliche Ursachen für solch ein solides Ergebnis und die daraus resultierenden Folgen für den Landwirt.

Ursachen	Folgen

2 **a** Ordnen Sie die Begriffe aus der unten stehenden Tabelle den einzelnen Teilen in der Abbildung zu, indem Sie jeweils die richtige Nummer eintragen.

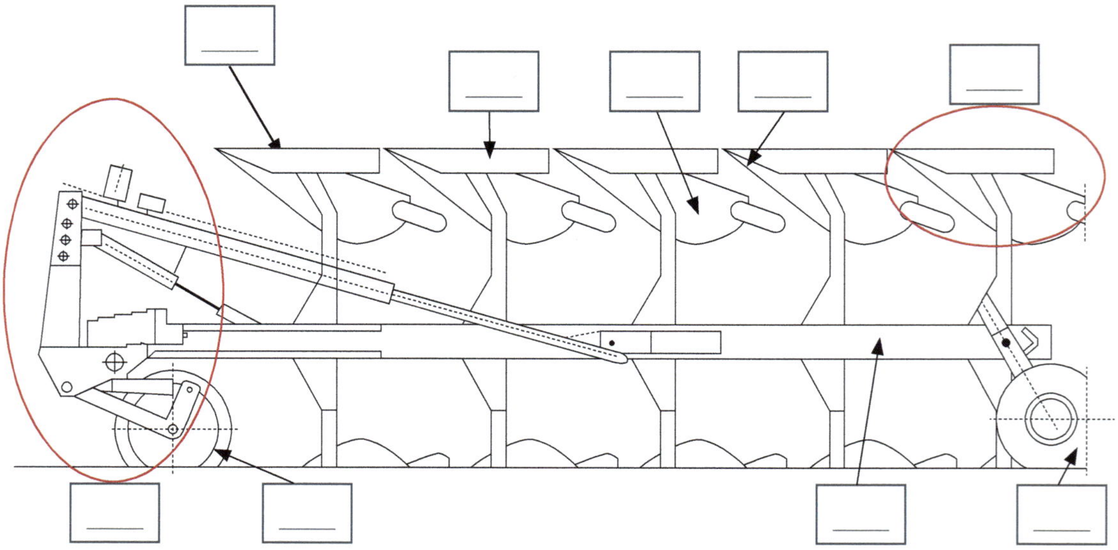

Abbildung 2: Pflug

b Ergänzen Sie die Funktion der einzelnen Bauteile in der Tabelle.

Tabelle 1: Funktion Pflugteile

	Bauteil	Funktion
1	Pflugkörper	
2	Scharspitze	
3	Pflugschar	
4	Streichblech	
5	Pflugrahmen	
6	3-Punkt-Anbauturm	
7	Scheibensech	
8	Streichschiene	
9	Stützrad	

3 Vergleichen Sie in der Tabelle die Arbeitsweise von Pflug und Grubber.

Tabelle 2: Vergleich Pflug und Grubber

	Pflug (4-Schar-Pflug)	Grubber
Arbeitstiefe		
Arbeitsweise		
Einsatzgebiete		

4 Nennen Sie Faktoren, die bei der Bodenbearbeitung beachtet werden müssen.

5 Vervollständigen Sie folgende Übersicht in Abhängigkeit der Kultur (Saattiefe, Saatzeitpunkt).

Tabelle 1: Kerndaten verschiedener Kulturen

Beispielhafte Kulturen	Saattiefe	Saatzeitpunkt
W-Weizen		
Mais		
W-Gerste		
S-Gerste		
Hafer		
S-Roggen		
Triticale		

6 Ihr Ausbilder gibt Ihnen die Aufgabe, die benötigte Saatgutmenge für folgende Schläge zu berechnen:

Schlag 1	Schlag 2
WW 1,7 ha TKG 52 g KF 98 % 330 kf. Körner/m²	WW 3,2 ha TKG 44 g KF 96 % 290 kf. Körner/m²

Schlag 1

Schlag 2

7 Erläutern Sie die Bedeutung der richtigen Ablagetiefe und der Rückverfestigung nach der Aussaat.

8 Ihr Ausbilder erwähnt, dass Erosion gerade bei Mais ein großes Problem darstellt. Erklären Sie in eigenen Worten, was unter Bodenerosion zu verstehen ist und nehmen Sie Stellung zu der Problematik beim Mais.

9 Geben Sie mögliche Folgen von Bodenerosion für den Landwirt und die Umwelt an.

10 **a** Informieren Sie sich in der Fachpresse sowie im Landwirtschaftsamt über aktuelle Möglichkeiten und Verfahren, um das Erosionsrisiko zu minimieren, und nennen Sie diese stichwortartig.

b Stellen Sie einen möglichen Zusammenhang zwischen der Eutrophierung von Gewässern und Erosion her.

11 Wenn auf einem Acker mit einer Fläche von 5 ha jedes Jahr nur 1 mm/m² Boden durch Erosion abgetragen wird,

a wie viel Boden (in m³) wird dann auf diesem Acker innerhalb eines Jahres abgetragen (Dichte = 1,80 t/m³)?

b wie oft müssen Sie mit dem Schubkarren (80 l Fassungsvermögen) fahren, um diese Menge abzutransportieren?

12 Diskutieren und kommentieren Sie folgende Aussage:
„Durch Erosion verlorener Boden kann jederzeit repariert werden."

13 Nicht nur Bodenerosion, sondern auch Bodenverdichtung stellt ein zunehmendes Problem dar. Kreuzen Sie die zutreffenden Aussagen an.

Abbildung 1: Bodenverdichtung

Tabelle 1: Einschätzung Bodenverdichtung

	Richtig	Falsch		Richtig	Falsch
Bodenverdichtung ist auf Sandböden ein großes Problem.			Zwillingsbereifung verteilt das Gewicht der Maschine auf eine größere Fläche.		
In den Fahrgassen sind häufig Verdichtungen festzustellen.			Ein ganzjähriger Bewuchs verhindert Bodenverdichtung.		
Häufiges Befahren erhöht die Gefahr einer Verdichtung.			Tonböden neigen schneller zu Verdichtungen als Sandböden.		
Befahren bei feuchten Bedingungen erhöht nicht die Gefahr einer Verdichtung.			Tiefwurzler brechen Bodenverdichtung auf.		
Durch Pflügen kann man Bodenverdichtung beseitigen.			Wassergesättigte, lehmige Böden sind besser befahrbar.		

14 Erstellen Sie einen Informationsflyer für die Landwirte/Praxismeister Ihrer Region, in dem Sie über die Bedeutung eines guten Bodenmanagements informieren.

1.2 Pflanzen vermehren und säen

Handlungsfeld **1.2**
Pflanzen vermehren und säen

Lernsituation 1.2.1 Pflanzenbauliche Fortpflanzungsarten kennenlernen
Pflanzenorgane, generative, vegetative Vermehrung, Aufbau des Samenkorns, Blüte, Befruchtung, Bestäubung, Zuchtverfahren, Biotechnologie und Gentechnik

Lernsituation 1.2.2 Getreidesaatgut fachgerecht säen
Saatgutqualität, Aussaatbedingungen, Saatzeitpunkt, Aussaatmenge, Bestandsdichte, Fruchtfolgeplanung, Saatgutbehandlung, Nachbau-, Z-, Hybridsaatgut, Drillsaat, Einzelkornsaat, Mulchsaat, Sortenwahl

Lernsituation 1.2.1 Pflanzenbauliche Fortpflanzungsarten kennenlernen

Situation

Ihr Ausbilder informiert Sie über die anstehende Planung der Kulturen im Betrieb. Er möchte mit Ihrer Hilfe Mitte April späte Speisekartoffeln legen sowie Körnermais aussäen und zeigt Ihnen das bereits gekaufte Mais-Saatgut und die Pflanzkartoffeln. Er erklärt Ihnen, dass die Kartoffeln früher geerntet werden können, wenn sie vor dem Legen etwa sechs Wochen vorkeimen. In dieser Zeit brauchen die Kartoffeln steigende Temperaturen von 10–15 °C und Licht. Beim Stichwort Keimung fällt Ihnen der Keimversuch aus der Schule ein, bei dem Sie für Mais und andere Sämereien die Keimbedingungen ermittelt haben. Hat der Mais zum Keimen nicht Wasser gebraucht?

Abbildung 1: Maisfeld

1 Pflanzen haben nicht nur unterschiedliche Ansprüche an Keimbedingungen, sie besitzen auch verschiedene Strategien, um sich zu vermehren.

a Erläutern Sie die grundsätzlichen Unterschiede zwischen der Vermehrung von Mais und Kartoffeln auf Ihren Ackerflächen.

Mais:

Kartoffel:

b Erklären Sie, warum Speisekartoffeln nicht durch die Aussaat von Samen vermehrt werden.

2 Neben Sprossknollen – wie bei der Kartoffel – gibt es noch weitere Möglichkeiten, Pflanzen vegetativ zu vermehren.
Erstellen Sie eine **Mindmap** mit allgemeinen Aspekten zur vegetativen Vermehrung.

Vegetative Vermehrung

3 Finden Sie zu den folgenden vegetativen Vermehrungsarten passende Beispiele.

Tabelle 1: Pflanzenbeispiele – vegetative Vermehrung

Zwiebeln	______	
Knollen	Wurzel: ______	Spross: ______
Ausläufer	______	
Ableger	______	
Stecklinge	______	

4 Nachdem Sie die Vorteile der vegetativen Kartoffelvermehrung kennengelernt haben, stellen Sie sich die Frage, warum die Kartoffelpflanzen dann überhaupt noch blühen.
Erläutern Sie die grundsätzlichen Vorteile der geschlechtlichen (generativen) Fortpflanzung.

- ______
- ______
- ______
- ______
- ______
- ______

Der Züchtungsprozess ist allerdings sehr arbeits- und zeitaufwendig sowie kostenintensiv.

5 Die Blüte ist das Fortpflanzungsorgan der Pflanze (generative Vermehrung). Ordnen Sie den einzelnen Abbildungen die richtigen Begriffe zu und nennen Sie jeweils dazu passende Kulturarten.

Tabelle 2: Blütenstände

Fruchtstand	______	______	______	______	______	______
Abbildung						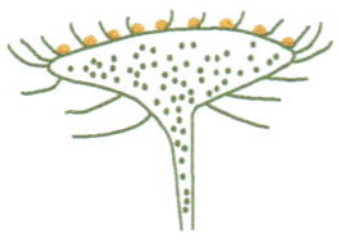
Beispiel	______	______	______	______	______	______

6 Beschriften Sie die Sprossen in der Tabelle.

Tabelle 1: Vergleich ein- und zweikeimblättrige Pflanzen

Monocotyl (einkeimblättrig)		Dicotyl (zweikeimblättrig)
 Abbildung 1: Maispflanze		 Abbildung 2: Kartoffelpflanze
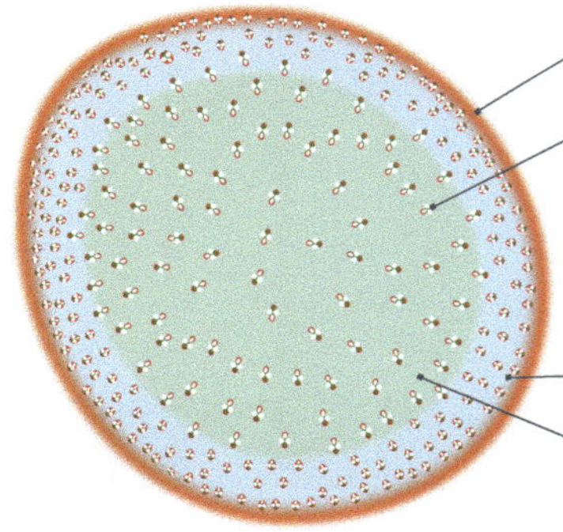 Abbildung 3: Sprossquerschnitt: einkeimblättrig		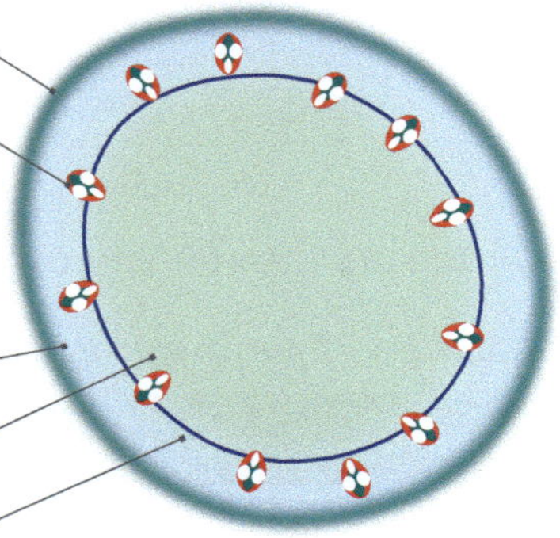 Abbildung 4: Sprossquerschnitt: zweikeimblättrig

Christian und Kerstin reinigen die Milchtankstelle des Betriebes. Hier werden hofeigene Milch, Kartoffeln, Eier und vieles mehr verkauft. Bei den Kartoffeln sehen Sie folgenden Flyer:

Christian liest nochmals laut den Flyer vor: „‚Wunderfrucht Kartoffel', ‚alte Knolle', …?" Beide kommen ins Grübeln. „Was liegt bei der Kartoffel eigentlich vor? Frucht, Knolle oder beides? Wo befindet sich dieses Pflanzenorgan bzw. diese Pflanzenorgane?"

7 Recherchieren Sie den Unterschied zwischen Frucht und Knolle der Kartoffel.

Abbildung 1: Kartoffelfrucht und -knolle

Tabelle 1: Unterscheidung Frucht und Knolle

Frucht	Knolle

8 Beschriften Sie die Kartoffel. Der Wortkasten hilft Ihnen dabei.

Nodien ▪ Internodien ▪ Verdickte Sprossachse ▪ Wurzelansatz

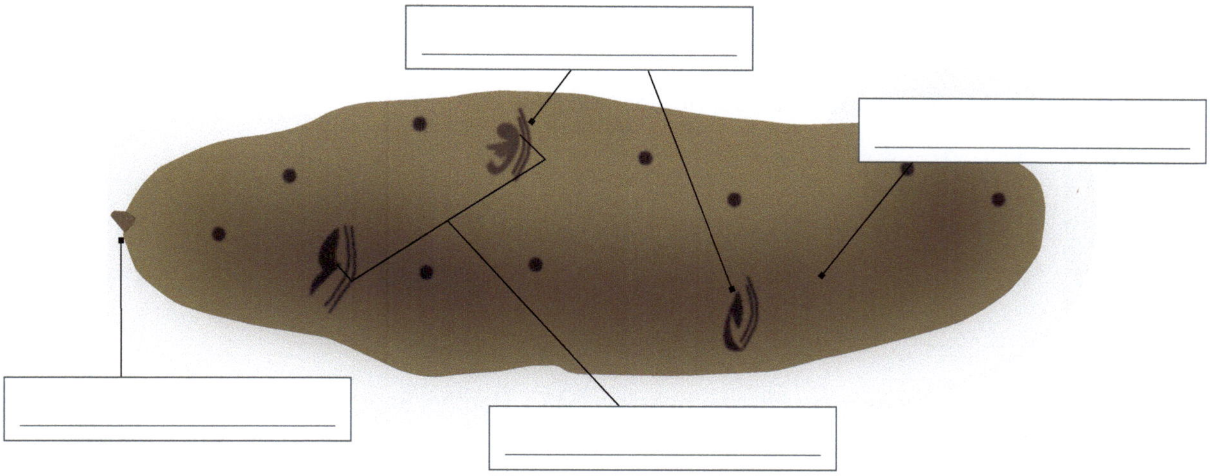

Abbildung 1: Kartoffel

9 Bei der Recherche zu den Vermehrungsarten stolpern Sie über die Begriffe **einhäusig** und **zweihäusig**. Erläutern Sie diese Begriffe und geben Sie jeweils an, wie die Bestäubung stattfindet.

Einhäusig:

____

____

____

- getrennt geschlechtlich:

____

____

____

____

- nicht getrennt geschlechtlich:

____

____

____

____

Zweihäusig:

____

____

____

____

10 Ihr Ausbilder weist Sie darauf hin, dass nicht alle Blüten Zwitterblüten sind. Es gibt auch Pflanzen mit rein männlichen und rein weiblichen Blüten. Ob diese nun an einer Pflanze (einhäusig) zu finden sind oder an zwei Pflanzen (zweihäusig), spielt ebenfalls eine entscheidende Rolle.

a Informieren Sie sich über die Geschlechtsverhältnisse folgender Kulturpflanzen und erklären Sie in eigenen Worten die Unterschiede.

Tabelle 1: Gechlechtsverhältnisse von Mais, Hopfen und Raps

Mais	
Hopfen	
Raps	

b Ordnen Sie die oben genannten Pflanzenbeispiele (Mais, Hopfen, Raps) den „Häuschen" in der Tabelle zu und finden Sie weitere Beispiele.

Tabelle 2: Unterscheidung Geschlechtsverhältnisse – Blüten

Bezeichnung			
Beispiele			

11 Blüten können bezüglich des Aufbaus, der Form, der Farbe, der Größe und der Anordnung der Geschlechtsorgane sehr unterschiedlich beschaffen sein.

a Beschriften Sie die Skizze der zwittrigen Blüte mit den passenden Begriffen aus dem Wortkasten.

Fruchtknoten ▪ Kelchblätter ▪ Narbe ▪ Staubfaden ▪ Kronblätter ▪ Griffel ▪ Staubbeutel

Abbildung 1: Aufbau einer zwittrigen Blüte

b Beschreiben Sie die Funktionen der einzelnen Blütenorgane.

Tabelle 1: Blütenbestandteile und deren Funktion

Blütenorgan	Funktion
Kelchblätter	
Kronblätter	
Stempel (weiblich)	
Narbe	
Griffel	
Fruchtknoten	
Staubblatt (männlich)	
Staubfäden	
Staubbeutel	

12 Die Maispflanze gehört zur Gruppe der windbestäubten Fremdbefruchter. Dies trifft allerdings nicht auf alle landwirtschaftlichen Kulturpflanzen zu.

Nennen Sie mögliche Ursachen für umweltbedingte Probleme bei der Bestäubung von Kulturpflanzen, die in Zukunft auftreten können. Geben Sie Maßnahmen an, die Sie als Landwirt dagegen ergreifen können.

13 Im Vergleich zur generativen Fortpflanzung beruht die vegetative Vermehrung ausschließlich auf dem Prozess der Mitose. Beschreiben Sie die folgenden Abbildungen korrekt und geben Sie die verschiedenen Phasen an.

Tabelle 1: Zellzyklus

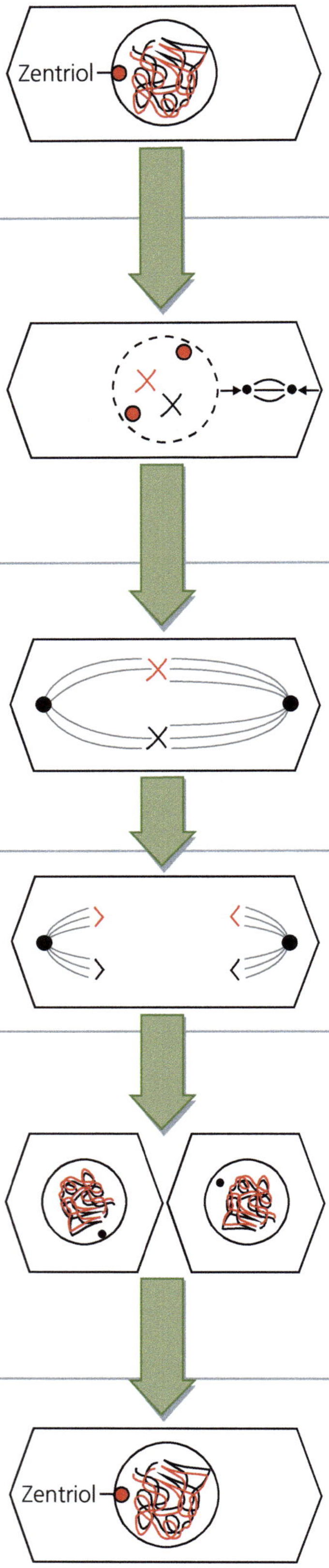	

14 Sie sitzen abends am PC und lesen die Nachrichten Ihres Social-Media-Accounts. Befreundete Landwirte und Schulkollegen haben verschiedene Artikel und Berichte zum Thema „Grüne Gentechnik" gepostet. Darin geht es um die Vor- und Nachteile von Gentechnik im landwirtschaftlichen Bereich sowie deren Zulässigkeit und Anwendungsmöglichkeiten. In den Artikeln wird sehr einseitig (nur positiv oder nur negativ) darüber berichtet, was Sie etwas verwundert.

Sie sprechen am nächsten Tag mit Ihrem Ausbilder über diese einseitige Berichterstattung. Ihr Ausbilder meint dazu: „Informiere Sie sich über diese Thematik und über die Grundlagen der pflanzlichen Fortpflanzung. Dann dürfte es Ihnen leichter fallen, eine eigene und ausgewogenen Meinung zu entwickeln."

Verschaffen Sie sich einen Überblick über die verschiedenen Einsatzbereiche von Gentechnik und geben Sie jeweils Anwendungsbeispiele.

Tabelle 1: Anwendungsbereiche der Gentechnik

Anwendungsbereich	Beschreibung	Anwendungsbeispiele / Ziele
Grüne Gentechnik in der ____________		
Weiße (graue) Gentechnik in der ____________		
Rote Gentechnik in der ____________		

Lernsituation 1.2.2 Getreidesaatgut fachgerecht säen

Situation

Die Ernte ist abgeschlossen und die ersten Schläge werden für die neuen Ansaaten vorbereitet. Ihr Ausbilder nimmt sich einen Nachmittag Zeit und fährt die zu bearbeitenden Schläge ab. An einem Mais-Stoppelfeld bleiben Sie stehen. Ihr Ausbilder gibt Ihnen den Auftrag, anhand der betrieblichen Fruchtfolgeplanung den anstehenden Winterweizen zu dokumentieren.

Tabelle 1: Fruchtfolgegestaltung

<table>
<tr><th colspan="2">1. Jahr
Frühjahr/Sommer/ Herbst/Winter</th><th colspan="2">2. Jahr
Frühjahr/Sommer/ Herbst/Winter</th><th colspan="2">3. Jahr
Frühjahr/Sommer/ Herbst/Winter</th><th colspan="2">4. Jahr
Frühjahr/Sommer/ Herbst/Winter</th><th colspan="2">5. Jahr
Frühjahr/Sommer/ Herbst/Winter</th></tr>
<tr><td>Mais</td><td colspan="2">Getreide</td><td colspan="3">Kleegras</td><td>Mais</td><td colspan="2">Winterweizen</td><td></td></tr>
</table>

1 Erfragen Sie bei Ihrem Praxismeister/Ausbilder das Prinzip der Fruchtfolgegestaltung Ihres Praxis-/Ausbildungsbetriebes.

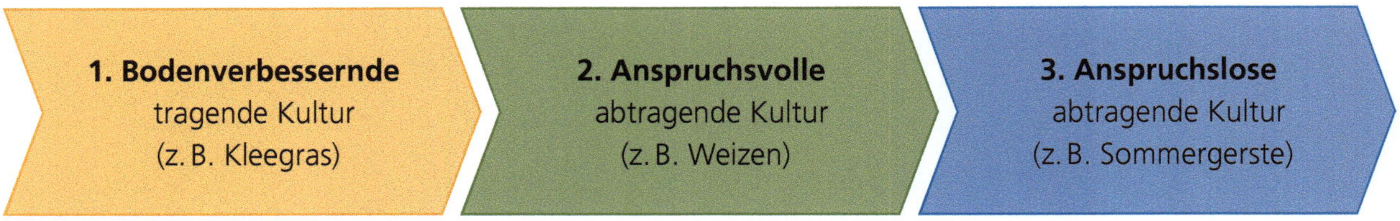

Abbildung 1: Fruchtfolgegestaltung

2 Entwickeln Sie für einen Flyer eine Übersicht nach den Grundsätzen der Fruchtfolgegestaltung (FF):

Grundsätze der Fruchtfolgegestaltung in unserem Betrieb:

(Quelle: Landesanstalt für Umwelt, Landwirtschaft und Geologie, Fruchtfolgegrundsätze im ökologischen Landbau, 2008)

3 Sowohl im ökologischen als auch im konventionellen Landbau wirkt sich die Fruchtfolge ertragssichernd aus. Zählen Sie hierzu Faktoren auf.

4 Begründen Sie fachlich die Wahl von Winterweizen nach dem Maisanbau.

5 Ergänzen Sie die nachstehende Tabelle.

Tabelle 1: Vergleich der Weizengruppen

Gruppe	E	A	B	C
Bezeichnung				
Nutzung und Eigenschaften				
Proteingehalt				

6 In welchen Lebensmitteln steckt welches Getreide? Recherchieren Sie, für welche Lebensmittel man welche Getreideart verwendet, und füllen Sie die Tabelle aus.

Tabelle 2: Getreide und ihre Anwendung in Lebensmitteln

 Abbildung 1: Weizenkörner	
 Abbildung 2: Gerstenkörner	
 Abbildung 3: Roggen	

 Abbildung 1: Mais	
 Abbildung 2: Hafer	

7 Es ist Anfang Oktober und der Anbau des Winterweizens steht an. Ihr Ausbilder und Sie begutachten den Schlag, auf dem der Winterweizen angebaut werden soll.

Abbildung 3: Maisstoppelfeld

Ihr Ausbilder erklärt, dass es sich um Lössboden handelt. Dabei gibt er Ihnen das ortstypische Sortenbuch an die Hand. Er beauftragt Sie, eine geeignete Winterweizensorte vorzuschlagen und die anfallenden Arbeitsschritte für die Neuaussaat vorzubereiten.

Tabelle 1: Aussaatzeitpunkte Winterweizen

Standorte	Frühsaaten		Mittlere Saattermine		Spätsaaten	
	Termin	**Körner/m²**	**Termin**	**Körner/m²**	**Termin**	**Körner/m²**
Sand	05.10.–15.10.	250–280	16.10.–05.11.	280–330	ab 01.11.	330–400
Lehm	01.10.–15.10.	250–300	16.10.–31.10.	300–350	ab 11.11.	350–450
Löss	10.10.–25.10.	250–280	26.10.–10.11.	280–320	ab 01.11.	330–400
Übergangslagen	01.10.–10.10.	260–300	11.10.–31.10.	300–350	ab 16.10.	350–450
Höhenlagen	20.09.–30.09.	280–320	01.10.–15.10.	320–370	ab 06.11.	370–450

(Quelle: Ratgeber Pflanzenbau und Pflanzenschutz, 2019 NRW, S. 215)

a Erstellen Sie eine Auflistung der anstehenden Arbeiten, um den Schlag für die Aussaat vorzubereiten.

b Nennen Sie die optimale Saattiefe von Weizen.

c Erläutern Sie die Bedeutung der Faktoren, die für die Keimung von Getreide notwendig sind.

d Wählen Sie aus der Tabelle „Aussaatzeitpunkte Winterweizen" den geeigneten Ansaatzeitpunkt hinsichtlich der beschriebenen Bodenverhältnisse aus.

8 Nehmen Sie den regional üblichen „Sortenratgeber" zur Hand und suchen Sie für die in **Aufgabe 7** beschriebenen Bedingungen eine geeignete Sorte. Begründen Sie Ihre Wahl.

9 Um einen guten Saataufgang zu gewährleisten, ist beim Kauf des Saatguts die eine richtige Saatgutbeurteilung von großer Wichtigkeit. Zählen Sie Sortenparameter auf.

ÖKO **10** Schädlinge und Pilzkrankheiten können den Keimvorgang, aber später auch den Vegetationsablauf erheblich stören. Deshalb wird Saatgut vorab behandelt. Zählen Sie marktübliche Saatgutbehandlungsmaßnahmen auf und unterscheiden Sie dabei Vorgehensweisen in der konventionellen und in der ökologischen Landwirtschaft.

Tabelle 1: Unterscheidung Saatgutbehandlung: konventionell – ökologisch

Konventionelle Landwirtschaft	Ökologische Landwirtschaft

11 Beschriften Sie die Teile des Saatkorns in der unten stehenden Tabelle.

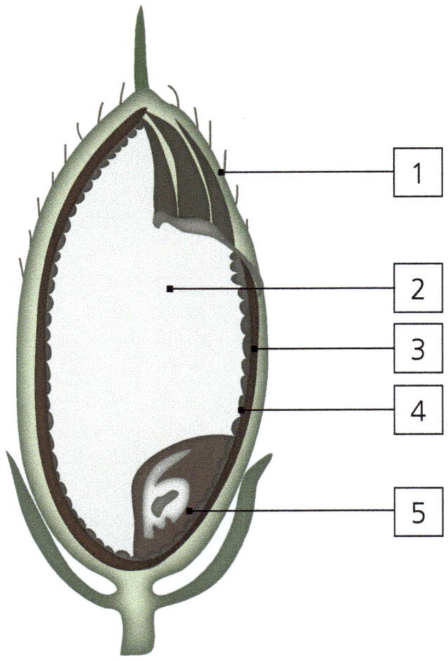

Abbildung 1: Skizze eines Sämlings

Tabelle 1: Beschriftung Saatkorn/Keimling

Saatkorn		Keimling	
1		**6**	
2		**7**	
3		**8**	
4		**9**	
5		**10**	
		11	

12 Welches Pflanzenorgan ermöglicht es dem Keimling, auch härtere Bodenschichten zu durchdringen?

____

13 Die Saatbettvorbereitung kann **pfluglos** oder durch den Einsatz eines **Pfluges** erfolgen. Unterscheiden Sie beide Verfahren.

Tabelle 2: Saatbettvorbereitung mit und ohne Pflug

Saatbettvorbereitung mit dem Pflug	Pfluglose Saatbettvorbereitung

14 Bei der Ertragsermittlung wurden an Beprobungsstellen folgende Ertragsmengen pro 0,25 m^2 ermittelt.

a Ermitteln Sie den durchschnittlichen Ertrag pro Hektar.

Tabelle 1: Beprobungsstellen

Stichprobe	Ertragsmenge in Gramm
1	300
2	256
3	272
4	290
5	282
6	291
7	297
8	274
9	287
10	268
Summe	
Durchschnitt	

b Bei Ertragsermittlung und Ernte lag die Feuchte bei 23 %, zur Einlagerung soll sie auf 15 % abgesenkt werden. Berechnen Sie den Gewichtsverlust aus Teilaufgabe **a**.

15 Sie erhalten folgende Fruchtfolge eines landwirtschaftlichen, bio-vegan-wirtschaftenden Betriebes. Bewerten Sie die Fruchtfolge und Erträge.

Tabelle 2: Vergleich von Fruchtfolgen: konventionell – ökologisch

Nummer in der Fruchtfolge	Kultur	N-Zufuhr durch Leguminosen (kg/ha)	Ertrag (dt/ha)	N-Abfuhr durch Ernte (kg/ha)
1	Winterweizen mit Zwischenfrucht Wicken	70	55	100
2	Erbsen	120	30	110
3	Winterroggen mit Untersaat Rotkleegras	30	35	70
4	Rotkleegras-Grünbrache	180		

16 Erläutern Sie, wie Sie im Weizen kontrollieren können, wie lange der Boden Stickstoff liefert.

17 Im Rahmen einer Exkursion sitzen Sie abends gemeinsam zusammen in einer Kneipe. Einer Ihrer Mitschüler bestellt eine Brotzeit und bezahlt für zwei Scheiben Brot mit allem Drum und Dran 6,50 €. Ihre Mitschülerin Kerstin bemerkt: „Habt ihr mal überlegt, wie viel davon der Landwirt für sein Getreide bekommt?"

Recherchieren Sie exemplarisch für ihr Bundesland die gesamte Getreideanbaufläche und Hektarerträge pro Jahr.
Vergleichen Sie diese mit zwei weiteren Bundesländern.

18 Man nehme an, in Deutschland würden pro Kopf und Jahr etwa 8 kg Hartweizenprodukte verzehrt, etwa in Form von Spaghetti und Spätzle (Weichweizen: ca. 55 kg). Ferner würden hierzulande jährlich rund 400 000 t Hartweizen verarbeitet – ein Viertel davon aus heimischer Produktion. Der Anbau erfolgte auf einer Fläche von 200 km². Berechnen Sie den Ertrag in Dezitonnen pro Hektar.

19 Angenommen, der Preis von Durumweizen liegt bei circa 10 €/dt über dem Preis von Weichweizen. Berechnen Sie die Grenzerträge – ausgehend von **Aufgabe 18** –, ab denen es sich für den Landwirt lohnt, Hartweizen statt Weichweizen anzubauen.

a Der Weizenpreis liegt bei 20 €/dt.

b Der Weizenpreis liegt bei 15 €/dt.

c Der Weizenpreis liegt bei 12 €/dt.

20 Man gehe davon aus, dass wir hierzulande rund 1 750 000 t Brot pro Jahr konsumieren. Ein 750 g schweres Weizenbrot enthält rund 500 g Weizenmehl und kostet beim Bäcker 3,50 €. Das Brot ist aus Vollkornmehl hergestellt und man kann daraus 20 Scheiben schneiden.

Berechnen Sie den Geldwert, den der Landwirt als Erzeuger für die beiden Scheiben Brot aus der Brotzeit (siehe **Aufgabe 17**) bekommen hat.

a Gehen Sie von einem Weizenpreis in Höhe von 20 €/dt aus.

b Gehen Sie vom aktuellen Weizenpreis aus.

1.3 Pflanzen pflegen und ernähren

Handlungsfeld 1.3
Pflanzen pflegen und ernähren

Lernsituation 1.3.1 Schadursachen erkennen, einstufen und Lösungen finden
Stoffwechselprozesse, Schadfaktoren bei Kulturpflanzen, Grundsätze des integrierten Pflanzenbaus, Hacken, Striegeln, Spritzen, Gesundheitsschutz

Lernsituation 1.3.2 Pflanzen anhand der Gegebenheiten bedarfsgerecht düngen
Ionenaustausch, pH-Wert, Osmose, Diffusion, Hauptnährelemente, Spurenelemente, Nährstoffdynamik, Über- und Unterversorgung, Nährstoffverfügbarkeit

Lernsituation 1.3.1 Schadursachen erkennen, einstufen und Lösungen finden

Situation

Im Frühjahr steht auf dem Praxisbetrieb eine Feldbegehung an. Der Ausbilder nutzt die Gelegenheit, um mit Ihnen die Kulturen zu beurteilen. Dafür teilt er Ihre Gruppe in zwei Kleingruppen auf: „Weizen" und „Gerste".

Abbildung 1: Getreidebestand im Entwicklungsstadium des Schossens

Christian und Kerstin beraten sich. Christian sagt: „Ich bin mir nicht sicher, welcher der Weizenbestand und welcher der Gerstenbestand ist. Wenn man die Ähren schon sehen könnte, wäre es einfacher! Leider befinden sich die Pflanzen erst in den 30er-BBCH-Stadien." Kerstin erwidert: „Ich meine, dass Weizenbestände von der Farbe her meistens etwas dunkler sind als Gerstenbestände. Bestimmen wir die beiden Bestände doch mithilfe aller Merkmale!"

1 Helfen Sie den beiden Auszubildenden und beschreiben Sie die wichtigsten Bestimmungsmerkmale folgender Getreidearten.

a Ergänzen Sie die Tabelle. Tragen Sie in die linke Spalte ein, ob es sich um ein vegetatives oder ein generatives Merkmal handelt.

Tabelle 1: Merkmale von Getreide

Getreideart	Hordeum vulgare	Avena sativa	Triticum aestivum	Secale cerale
Deutscher Name				
Merkmale				
Blütenstand				
Einzelblüten/ Ährchen				
Korn				
Blattöhrchen				
Blatthäutchen				
Blätter				

b Für die Unterscheidung der oben genannten Getreidearten gibt es Merksprüche, die eine Bestimmung anhand der Blattöhrchen, Blatthäutchen oder Fruchtstände ermöglichen. Tragen Sie diese in die Tabelle ein.

Tabelle 1: Erkennungsmerkmale von Getreide

Gerste	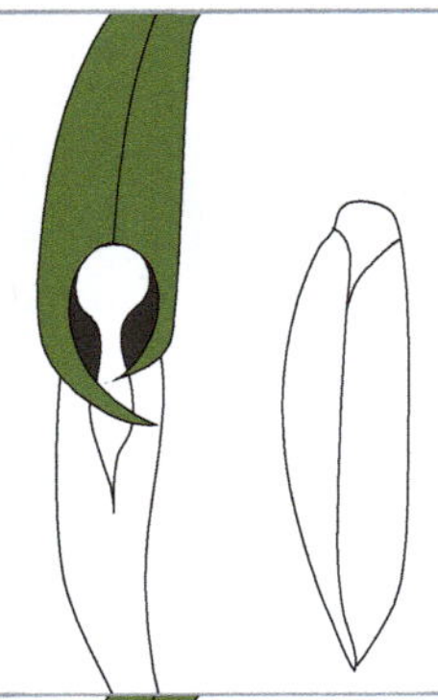	
Weizen	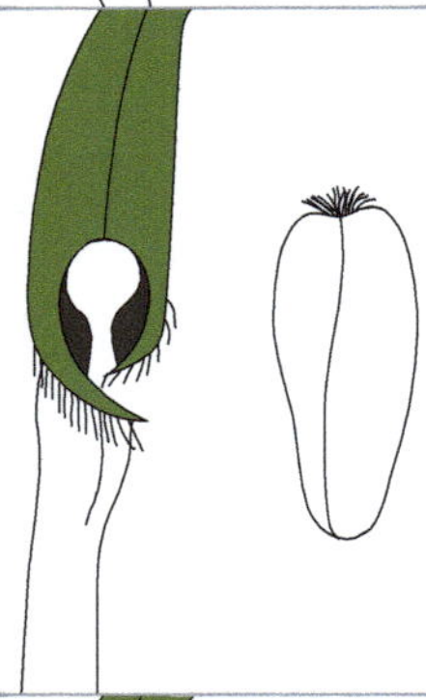	
Roggen	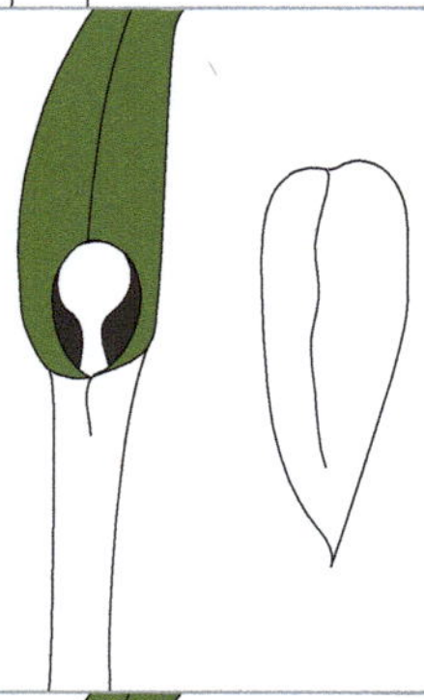	
Hafer	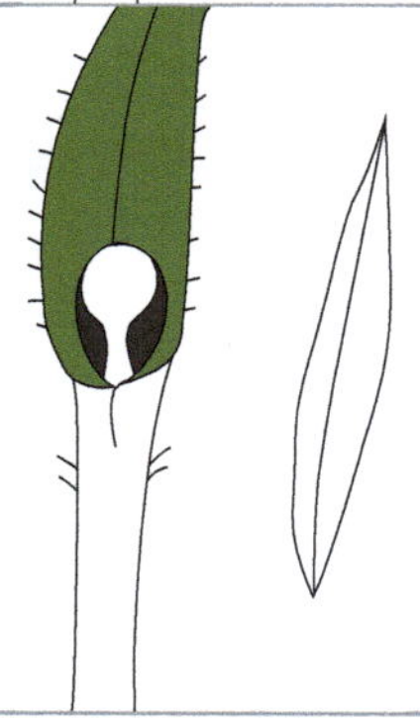	

2 Um einen Überblick über die gesamte Wintergerstenkultur zu erhalten, bittet Ihr Ausbilder Sie, eine Übersicht zu erstellen.

Hinweis: Starke individuelle Abweichungen sind möglich (Düngezeitpunkte, Anzahl der Maßnahmen, Düngerart, Art der Pflegemaßnahmen).

a Welche Maßnahmen (und wie oft) ergreifen Sie für die Kultur der Wintergerste?

____

____

b Ordnen Sie die Maßnahmen aus Teilaufgabe **a** auf dem Zeitstrahl zu.

Tipp: Dokumentieren Sie unterschiedliche Kulturen während des ersten Ausbildungsjahres. Hierzu können Sie eine entsprechende Kopiervorlage den Seiten 230/231 entnehmen.

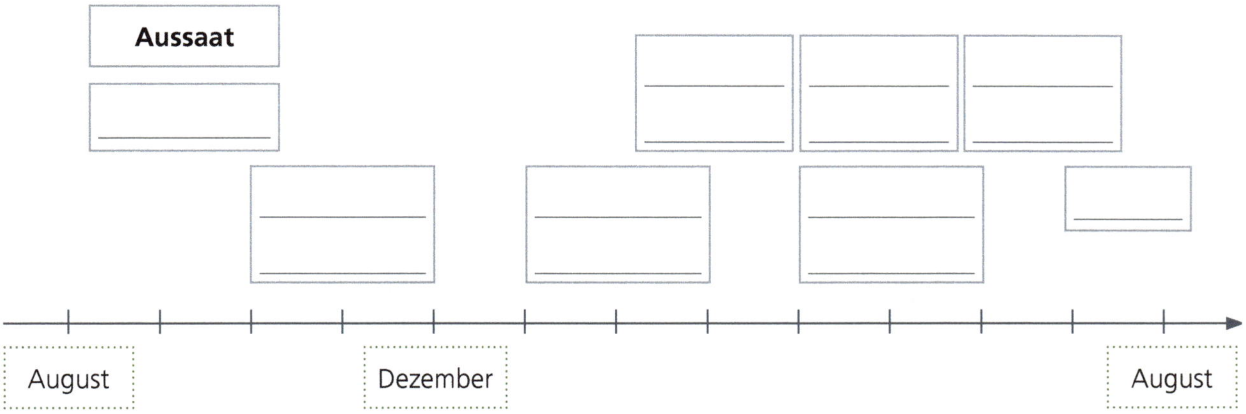

Abbildung 1: Zeitstrahl Getreide

3 Im Verlauf des Jahres führen Sie mit Ihrem Ausbilder weitere Feldbegehungen durch. Sie bekommen bei einer solchen Begehung den Auftrag, den Gesundheitszustand verschiedener Getreidebestände zu überprüfen. Sie finden in einem Wintergerstenbestand mehrere Blätter, die offensichtlich Veränderungen aufweisen. Auf Nachfrage erklärt Ihnen der Ausbilder, dass in diesem Bestand eine bedarfsgerechte Düngung durchgeführt wurde. Die Veränderungen müssen somit andere Ursachen haben.

a In der folgenden Abbildung sind exemplarisch einige wichtige Schadsymptome abgebildet. Tragen Sie die richtigen Ziffern für die Schadbilder in die Skizze ein (1 und 2 = Fraßspuren, 3 = Blattflecken, 4 = Nester, 5 = Pusteln).

Abbildung 2: Blattskizze mit sichtbaren Schäden

b Nennen Sie die unterschiedlichen Ursachen für diese Schadbilder.

Tabelle 1: Schadursachen

Fraßspuren	Blattflecken	Nester und Pusteln

c Unterscheiden Sie zwischen biotischen und abiotischen Faktoren, die Kulturpflanzen schädigen können.

Tabelle 2: Biotische und abiotische Faktoren

Biotische Faktoren = ________	Abiotische Faktoren = ________

d Viren als Krankheitserreger nehmen eine gewisse Sonderstellung ein. Man kann sagen, dass Sie aufgrund folgender Merkmale nicht als „Lebewesen" bezeichnet werden können:

____

____

____

4 Erläutern Sie alle Ihnen bekannten Möglichkeiten, die der Landwirt hat, um seine Pflanzen gesund zu erhalten und somit einen optimalen Ertrag zu erzielen.

Hinweis: Falls Ihnen keine weiteren Einflussmöglichkeiten einfallen, hier die Möglichkeiten im Buchstabensalat:

Plannschtuefzz
Duuggenn
Beibbeernodatung
Fortgfluche
Sohlenwart

Tabelle 1: Einflussmöglichkeiten auf den Kulturverlauf

Einflussmöglichkeit	Erläuterung
Aussaat	

5 Der umgangssprachliche Begriff „Pestizide“ umfasst eine Vielzahl an Wirkstoffklassen gegen unterschiedliche Gruppen von Schadorganismen. Verbinden Sie die Schadorganismen mit den entsprechenden Wirkstoffklassen.

Tabelle 1: Zielorganismen von Pflanzenschutzmitteln

Schadorganismus	Wirkstoffklasse	Schadorganismus
Rapsglanzkäfer	**Fungizide**	Ährenfusarium
Braunrost und echter Mehltau	**Nematizide**	Getreideblattlaus
Nacktschnecken	**Herbizide**	Feldmaus
Quecke	**Akarizide**	Rübennematode
Weizenälchen	**Insektizide**	Windenknöterich
Weizengallmücke	**Rodentizide**	Ackerfuchsschwanz
Getreidehähnchen	**Molluskizide**	Hühnerhirse
Vogelmiere	**Graminizide**	Obstbaumspinnmilbe

6 Alle Veränderungen an Blättern der Nutzpflanzen haben zur Folge, dass die Fotosyntheseleistung eingeschränkt ist und somit der mögliche Ertrag verringert wird.

a Ergänzen Sie die fehlenden Begriffe im unten stehenden Text.

alkoholischen ■ äußere Atmung ■ Atmung ■ Chloroplasten ■ energiereiche Stoffe ■ Glucose ■ Gärung ■ Grüne ■ grünen Blattfarbstoffe ■ Kohlenstoffassimilation ■ Kohlenstoffdioxid (2x) ■ Milchsäure ■ Mitochondrien ■ Palisadengewebe ■ Phloem ■ Sauerstoff (2x) ■ Schwammgewebe ■ Sonnenlicht ■ Spaltöffnungen ■ Stärke ■ Stomata ■ Traubenzucker (2x) ■ Wasser (2x) ■ Xylem ■ Zellatmung

Alle lebenden Organismen benötigen ____________________, die in verschiedenen Stoffwechselvorgängen verarbeitet werden, um Energie zu gewinnen und körpereigene Stoffe aufzubauen. ______ Pflanzen können diese energiereichen Stoffe mithilfe der ______________________ (Fotosynthese) selbst herstellen. Die Orte der Fotosynthese sind die ______________ in den grünen Pflanzenbestandteilen, wie Blätter und Stängel. Betrachtet man den Querschnitt eines Laubblattes, so fällt auf, dass sich im _________________ mehr dieser Zellorganellen befinden als im darunter liegenden __________________. Unerlässlich für die Fotosynthese sind die _____________________ (Chlorophylle). Diese nehmen ___________ auf, dessen Energie für die Fotosynthese benötigt wird. Man Unterscheidet hier zwischen Chlorophyll a und b. Diese können unterschiedliche Wellenlängen des Sonnenlichtes aufnehmen. Für die Fotosynthese benötigen die Pflanzen Wasser, welches über die Leitungsbahnen (______) in die Zellen transportiert wird. Das ebenfalls benötigte _________________ wird über die _______________ (_________) der Blätter aufgenommen. Über diese Stomata wird auch der __________ – ein Abfallprodukt der Fotosynthese – abgegeben. Der für die Pflanze entscheidende energiereiche Stoff, der gebildet wird, ist ______________ (________). Dieses Assimilat wird über die Leitungsbahnen (________) in der Pflanze verteilt. Da Glucose osmotisch aktiv ist, wird sie in den Speicherstoff ______ umgewandelt.

Zum Leben brauchen die photoautotrophen Pflanzen genauso wie heterotrophe Organismen Energie. Die Energiegewinnung erfolgt über den Prozess der ________ – genau gesagt durch die ___________ (Dissimilation). Die Zellorganellen, in denen das geschieht, sind die ______________.
Für die Dissimilation wird das energiereiche Assimilat ______________ abgebaut. Hierfür benötigt die Zelle __________ und _______. Die Endprodukte der Zellatmung – auch als „innere Atmung" bezeichnet – sind _________________, _______ und Energie, die auf den universellen Energieträger ATP **(Adenosintriphosphat)** übertragen wird. Die Abgabe und Aufnahme von Sauerstoff und Kohlenstoffdioxid über die Spaltöffnungen bezeichnet man entsprechend als ________________. Ein weiterer Abbauprozess zur Energiegewinnung ist die ________. Die Ausbeute an Energie (ATP) ist jedoch bei beiden Formen – der _____________ Gärung und der __________-gärung – viel geringer.

b Notieren Sie die chemischen Reaktionsgleichungen der Fotosynthese und der Zellatmung.

Tabelle 1: Photosynthese

Reaktion	Gleichung
Fotosynthese	
Atmung	

7 Erklären Sie im Zusammenhang mit der Fotosynthese den Begriff „Grünlücke".

8 Finden Sie Beispiele aus der Landwirtschaft, wo die Zellatmung der Pflanzen nicht erwünscht ist, und nennen Sie geeignete Gegenmaßnahmen (mit Begründung, warum die Zellatmung verhindert wird).

9 Auf einer der von Ihnen gesammelten Pflanzen finden Sie mehrere weiße, polsterartige Flecken. Diese identifizieren Sie schnell als Myzel des Echten Mehltaus (*Erysiphe graminis*). Es liegt also eine Pilzkrankheit vor, die mit Fungiziden behandelt werden kann.

Beschreiben und begründen Sie das Vorgehen bei der Entscheidung, ob eine Fungizidbehandlung durchgeführt werden sollte.

a Welche Pflanzenteile sind befallen?

b Lohnt sich die zu ergreifende Maßnahme wirtschaftlich?

c In welchem Zeitraum kann die Maßnahme durchgeführt werden?

d Welche Behandlungen wurden vorher schon durchgeführt/müssen in Folge noch durchgeführt werden?

e Bestehen alternative Behandlungsmöglichkeiten?

ÖKO **10** Die Eltern eines Mitschülers bewirtschaften zu Hause einen Bio-Milchviehbetrieb. Lara, deren Eltern keinen eigenen Betrieb besitzen, spricht Felix zum Thema Pflanzenschutz an.

Lara: „Wenn ihr einen Bio-Betrieb habt, dürft ihr ja gar nicht spritzen!"

Felix: „Biologische Wirtschaftsweise bedeutet nicht, dass wir nichts spritzen dürfen. Es gibt schon Mittel, die wir verwenden dürfen. Die Auswahl an Mitteln ist nur geringer als im konventionellen Bereich. Und es handelt sich natürlich um Präparate auf biologischer Basis. Wir dürfen nur keine chemischen Pflanzenschutzmittel verwenden."

Lara: „Wie bekämpft ihr denn den Echten Mehltau im Getreide? Gibt es hier zugelassene Fungizide?"

Felix: „Ja, gerade gegen Mehltau gibt es einige Fungizide mit dem Wirkstoff Schwefel. Aber wir haben noch nie eines eingesetzt. Wir nutzen andere Möglichkeiten und haben damit sehr guten Erfolg!"

Nennen und beschreiben Sie weitere Vorbeugende Maßnahmen, wie ökologisch wirtschaftende Landwirte Pilzkrankheiten vermeiden können.

11 Entscheiden Sie, ob die folgenden Aussagen der Landwirte den „direkten" (D) oder „indirekten" (I) Pflanzenschutzmaßnahmen zugeordnet werden können.

„Wir setzen dieses Jahr vermehrt auf die mechanische Unkrautbekämpfung."	______
„Ich habe mich für die Sorte entschieden, da sie optimal zu unserem Standort passt."	______
„Ungräser müssen öfters abgeflammt werden, da deren Vegetationspunkt unterirdisch liegt."	______
„Du musst schneller fahren! Der Striegel verschüttet zu wenige Unkräuter."	______
„Wenn es weiterhin so warm bleibt, war der frühe Saatzeitpunkt nicht optimal gewählt."	______
„Unser Pflanzenbauberater hat mir dieses Jahr ein anderes Herbizid empfohlen."	______
„Wir müssen unsere sandigen Böden alle zwei Jahre pflügen."	______
„Der Einsatz von *Trichogramma* im Mais hat sich voll bewährt."	______
„Dieses Jahr habe ich zum ersten Mal einen Wachstumsregler eingesetzt."	______
„Ich habe meine Fruchtfolgen umgestellt und mehr Leguminosen integriert."	______
„Die Untersuchung der Gülle hat einen sehr hohen Stickstoffgehalt ergeben."	______
„Wir vermeiden Chemie so oft wie möglich und setzen auf die Förderung von Nützlingen."	______
„Die Elektronen-Beize hat natürlich Vorteile gegenüber der herkömmlichen Beize."	______
„Trotz der guten Böden habe ich die Saatstärke etwas reduziert."	______

12 Bei der Ermittlung der wirtschaftlichen Schadschwelle finden Sie folgende Bezeichnungen für Schadorganismen. Um welche Tiere handelt es sich und welche Entwicklungsform ist schädlich?

„Tipula-Larve“ = ____________________

„Getreidehähnchen“ = ____________________

„Drahtwurm“ = ____________________

____

„Rapserdfloh“ = ____________________

„Kohlschotenrüssler“ = ____________________

„Maiszünsler“ = ____________________

13 In vielen Regionen nimmt der Befall der Rapsbestände durch den Rapsglanzkäfer zu. Die Käfer ernähren sich von den energiereichen Pollen und fressen sich, um diese zu erreichen, durch die noch geschlossenen Knospen der Blüten. Die so zerstörten Knospen können später keine Samen bilden.

Das Verhindern eines Befalls mit einem Schadorganismus ist immer besser, als einen bereits bestehenden Befall zu bekämpfen. Dies gilt auch für den Rapsglanzkäfer und setzt eine langfristige Planung voraus.

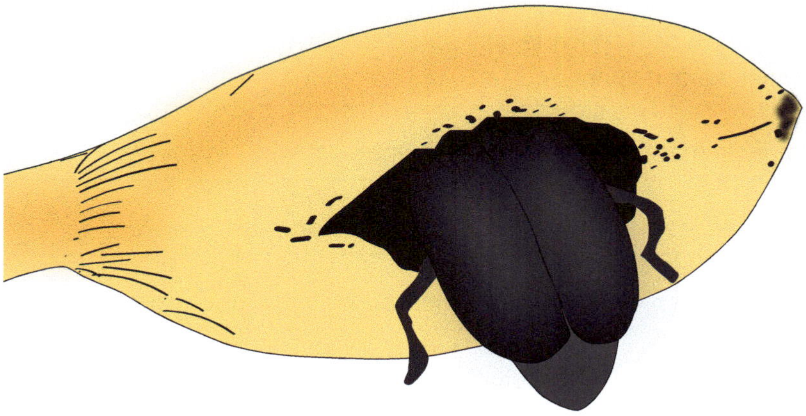

Abbildung 1: Rapsglanzkäfer bohrt in Schote

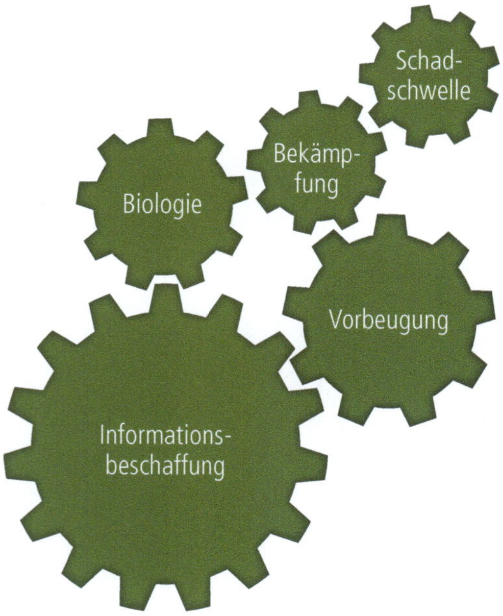

Erstellen Sie einen Strategieplan für die kommende Saison im Winterraps. Beziehen Sie folgende Stichpunkte in Ihre Planung ein:

Informationen zur Biologie des Käfers:

____

____

____

____

____

____

____

____

____

Informationsqellen:

Vorbeugende Maßnahmen:

Ermittlung der Schadschwelle:

Bekämpfung:

14 Informieren Sie sich mithilfe möglichst unterschiedlicher Medien über die Schadschwellengrenze des Rapsglanzkäfers. Diskutieren Sie in Ihrer Gruppe, warum zum Teil sehr unterschiedliche Angaben zu den Käferzahlen gemacht werden.

Schadschwellenangaben ermitteln:

Gründe für unterschiedliche Angaben:

15 Informieren Sie sich über wirtschaftliche Schadschwellen von Schadorganismen bei verschiedenen Kulturpflanzen sowie über den Zeitpunkt, ab wann der jeweilige Befall kontrolliert werden muss. Schauen Sie sich die Informationen im Wortkasten an. Tragen Sie jeweils drei zusammengehörende Informationen in drei miteinander verbundene Puzzleteile ein.
Ergänzen Sie die freien Puzzleteile mit eigenen Schadschwellen.

Getreidehähnchen ▪ Drahtwurm (Mais) ▪ Vor der Saat ▪ ab BBCH 37 ▪ 4 von 10 Pfl. befallen ▪ 20 cm Stängelhöhe ▪ Herbst und Frühjahr ▪ Maiszünsler ▪ 1–2 Larven pro m^2 ▪ Klettenlabkraut ▪ Großer Stängelrüssler ▪ 20–40 Pfl. stark befallen ▪ 25 Tiere pro Halm ▪ Ackerfuchsschwanz ▪ 0,1 Pfl. pro m^2 ▪ 1 Einstich pro Pfl. ▪ BBCH 31–51 ▪ Blattläuse (Weizen) ▪ Herbst und Frühjahr (nährstoffreiche Böden) ▪ Mehltau (Gerste) ▪ 1 Larve/Ei pro Halm ▪ Zur Blüte ▪ 15–30 Pfl. pro m^2 (Wintergetreide) ▪ Sommer (Warndienst!)

Drahtwurm (Mais)	**1–2 Larven pro m^2**	**Vor der Saat**

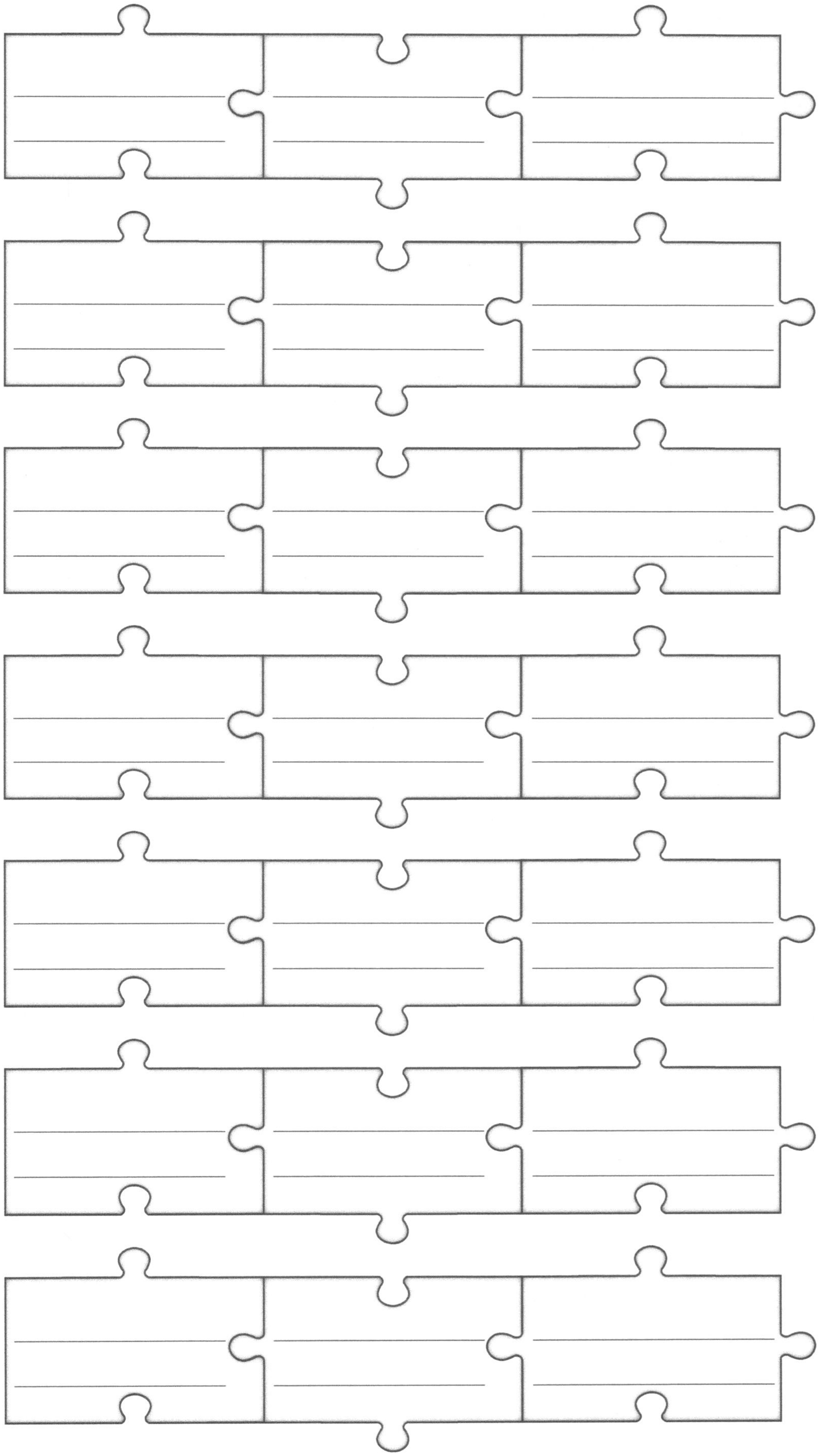

16 Auf Ihrem Praxisbetrieb stehen Pflegemaßnahmen im Winterweizen an. Dazu gehört, neben den üblichen mechanischen und chemischen Maßnahmen zur Beipflanzenregulierung, auch die Behandlung gegen Pilzkrankheiten.
Ihr Ausbilder beauftragt Sie, die Wirtschaftlichkeit dieser Fungizidbehandlung zu berechnen und eine Entscheidung zu treffen.

Auf dem trapezförmigen Flächenstück „Redinger-Acker" wurde im vergangenen Herbst Winterweizen (Sorte Akteur) gesät.

Länge a: 875 m,
Höhe h: 671 m,
Länge c: 317 m

Abbildung 1: Trapezförmiges Flächenstück „Redinger-Acker"

a Berechnen Sie die Fläche des Ackers in Hektar.

b Ihr Ausbilder gibt Ihnen folgende Informationen an die Hand, um eine Entscheidung treffen zu können.

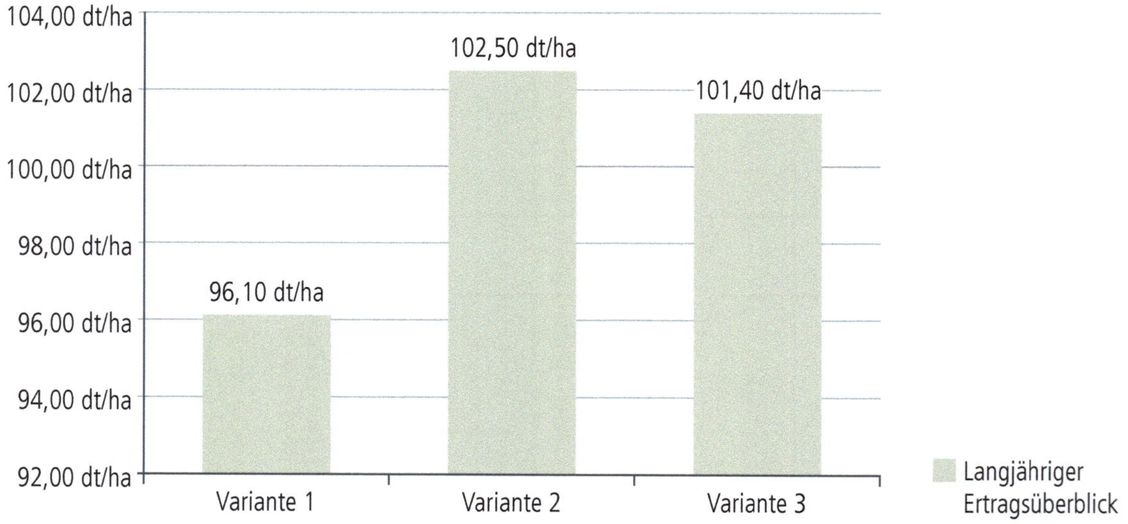

Abbildung 2: Fungizidbehandlung

Tabelle 1: Verrechungsbeispiel Winterweizen

Verrechnungspreise in Euro Pro Dezitonne, inkl. 10,7 % MwSt. (Durchschnitt mehrerer Jahre)			
Winterweizen		**E-Qualität: 21,07 €**	
Verfahrensbeschreibung	**Behandlungszeitpunkt nach BBCH**	**Eingesetztes Mittel**	**Anzahl der Überfahrten**
Variante 1 (ohne Behandlung)	–	–	–
Variante 2 (zweimalige Behandlung)	37–49 61–65	0,8 l Mittel 1 1,25 l Mittel 2	2
Variante 3 (einmalige Behandlung)	39–49	2,5 l Mittel 3	1

Berechnen Sie die Erlöse und die monetären Unterschiede zwischen den drei Varianten für die gesamte Fläche.

c Mit diesen Berechnungen gehen Sie zu Ihrem Ausbilder und fragen ihn nach weiteren Informationen. Sie möchten nämlich den bereinigten Mehrertrag für die jeweiligen Varianten berechnen. Dazu brauchen Sie noch Angaben zu den Kosten für die Fungizide und die Maschinen.

Tabelle 2: Ausbringungskosten Pflanzenschutz

Eigenmechanisierung (variable Maschinenkosten)		4,84 €/ha
Produktname (Fungizid)	**Gebindegröße**	**Kosten/Gebinde**
MTTL 1	5 l	224,22 €
MTTL 2	5 l	286,20 €
MTTL 3	10 l	339,30 €

17 Kerstin erinnert sich beim Thema chemischer Pflanzenschutz an eine Situation im Sommer letzten Jahres. Ein Landwirt führte während der Rapsblüte abends eine chemische Pflanzenschutzmaßnahme durch und wurde mit folgender Aussage eines Spaziergängers konfrontiert:

> „Landwirte spritzen in der Nacht, weil sie etwas zu verheimlichen haben!"

Nehmen Sie Stellung zu dieser Aussage.

18 Um Schäden an Personen und Umwelt zu verhindern, müssen im Hinblick auf chemischen Pflanzenschutz einige Maßnahmen getroffen werden.

Erstellen Sie eine **Mindmap** mit allen Themen, die Ihnen zum Bereich Pflanzenschutz einfallen.

PSM

19 Einige Herbizide enthalten Wirkstoffe aus der chemischen Familie der Chloracetamide. Diese Wirkstoffe werden in der HRAC-Gruppe K3 geführt. Alle Vertreter dieser Gruppe wirken in der zu bekämpfenden Pflanze auf die gleiche Weise und werden als „Zellteilungshemmer" bezeichnet.

Beschreiben Sie die Wirkungsweise eines Zellteilungshemmers.

____

____

____

____

20 Im aktuellen Informationsblatt mit Beratungshinweisen für den Einsatz von Fungiziden finden Sie für ein Präparat gegen Braunrost die folgenden Informationen.

a Erklären Sie die gekennzeichneten Angaben.

Schaderreger	Zulassung	GHS	Auflagen	WZ	Aufwand
Braunrost	W, R, T	05, 07, 08, 09	NW 5(5/5/0) m	42, G: F	1,5 l; G 1,25 l

b Welche grundsätzliche Aussage über den Anwendungszeitpunkt können Sie treffen, wenn bei der Angabe der Wartezeit (WZ) eine Zahl bzw. „F“ steht?

c Informieren Sie sich über die genaue Bedeutung der folgenden Gefahrenstoffkennzeichnungen.

Tabelle 1: Gefahrensymbole

Piktogramm	GHS-Nr.	Bedeutung

21 Ihr Ausbilder plant, 0,8 Liter pro Hektar eines Fungizids auszubringen. Der Tank der Feldspritze fasst 800 Liter. Es sollen 240 Liter pro Hektar ausgebracht werden.

a Welche Menge des Fungizids wird für eine Tankfüllung benötigt?

b Wie viele Tankfüllungen werden für eine trapezförmige Fläche mit einer Höhe von 155 m und Seitenlängen von 211 m und 305 m benötigt?

c Wie viele Tankfüllungen können mit 5 Litern des Fungizids hergestellt werden?

22 Die mechanische Beipflanzenregulierung ist im integrierten Pflanzenbau – bei konventioneller und besonders bei ökologischer Wirtschaftsweise – ein wichtiger Bestandteil des Pflanzenschutzes. Hacken und Striegeln zählen zu den direkten mechanischen Maßnahmen.
Informieren Sie sich über verschiedene Funktionsweisen folgender Geräte.

Tabelle 1: Mechanische Beipflanzenregulierung

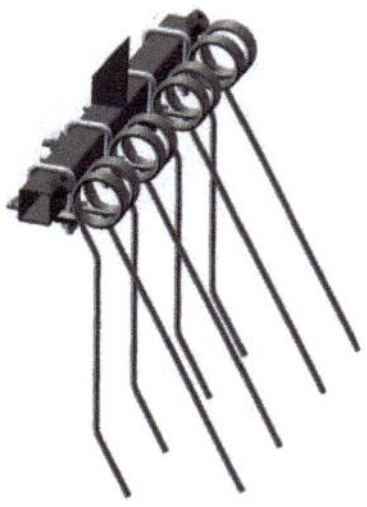		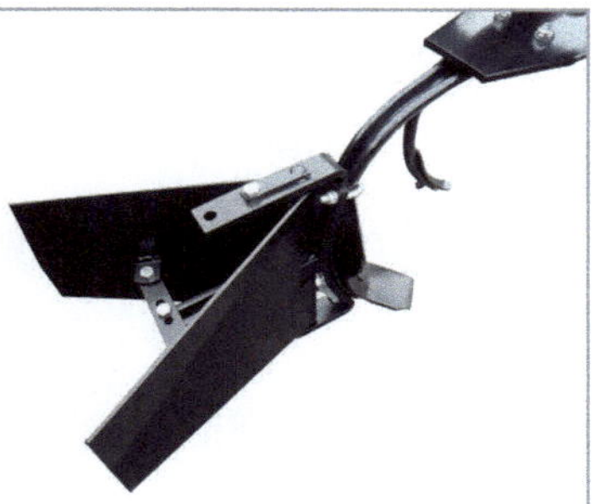

23 Für ein optimales Arbeitsergebnis bei der mechanischen Beipflanzenregulierung müssen an einem Federzinkenstriegel verschiedene Einstellungen vorgenommen werden. Die Bedienungsanleitung für das Gerät ist leider zerrissen. Nummerieren Sie die Zettelteile in einer sinnvollen Reihenfolge.

Für Wartung und Betrieb ist auf die persönliche Schutzausrüstung (enge Kleidung, Handschuhe sowie Sicherheitsschuhe) zu achten. ___

Öffnen Sie die Fangtaschen. Heben Sie die Hydraulik an, bis die Unterlenkerkugeln aufgenommen sind und die Fangtaschen schließen. ___

Mechanische Regelhydraulik auf Freigangregelung („Schwimmstellung") einstellen. ___

Alle Feineinstellungen müssen im Feld durchgeführt werden. Achten Sie hierbei auf eine exakte waagerechte Einstellung im richtigen Bodenabstand. ___

Achten Sie darauf, dass die Unterlenker gleich (d. h. gleicher Abstand zum Boden) eingestellt sind. ___

Der Oberlenker sollte bereits jetzt so eingestellt werden, dass der Striegel möglichst waagerecht angebaut ist. ___

Überprüfen Sie die Einstellungen (Arbeitstiefe und Zinkenstellung) zunächst mit geringer Fahrgeschwindigkeit von etwa 3 km/h auf einer Teststrecke. ___

Verstellen Sie hierfür die Stützräder in der Höhe (Längsachseneinstellung). Über den Oberlenker so nachjustieren, dass alle Striegelfelder waagerecht stehen. ___

Über das Verstellen der Stützräder stellen Sie die gewünschte Arbeitstiefe von 2–3 cm ein. ___

Die Maschine darf nur von Personen genutzt und gewartet werden, die damit vertraut sind und eine Sicherheitseinweisung erhalten haben. ___

Die Enden der Striegelzinken sollten für den ersten Einsatz etwa senkrecht in Richtung Boden zeigen. Die Einstellung erfolgt entweder mechanisch oder hydraulisch. ___

ÖKO **24** Das Arbeitsergebnis des Striegeleinsatzes muss überprüft werden. Falls dieses nicht optimal ist, können verschiedene Parameter verändert werden. Ordnen Sie zu den beobachteten Ergebnissen mögliche Antworten mit Vorgehensweisen zur Verbesserung ein.

„Hier liegen sehr viele ausgerissene Weizenpflanzen herum."

„Der verkrustete Boden ist zu wenig aufgebrochen."

„Ich sehe hier noch zu viele Unkräuter."

ÖKO **25** Neben den unmittelbaren Einstellungen an den jeweiligen Pflegegeräten beeinflussen die Faktoren Wetter und Saattechnik ebenfalls den Erfolg bei der mechanischen Regulierung. Erläutern und bewerten Sie die Auswirkungen („+" für positiv, „–" für negativ) auf die jeweiligen Arbeitsbedingungen.

Die Stichworte im Wortkasten dienen Ihnen evtl. als Hilfestellung.

Strukturschäden ▪ Vertrocknen ▪ Elastizität ▪ Erfrieren ▪ Verankerung ▪ Vertrocknen

Tabelle 1: Einflussfaktoren auf die Unkrautbildung

Arbeitsbedingungen	Positive und negative Auswirkungen auf den Arbeitserfolg	Bewertung
Frost		
Niedrige Lufttemperatur		
Hohe Lufttemperatur		
Saatkörner tief abgelegt		
Trockener Boden		
Nasser Boden		
Hohe Windstärke		

26 Interpretieren Sie die folgenden Grafiken zum Striegeleinsatz bei verschiedenen Beipflanzen (VA = Vorauflauf; NA = Nachauflauf).

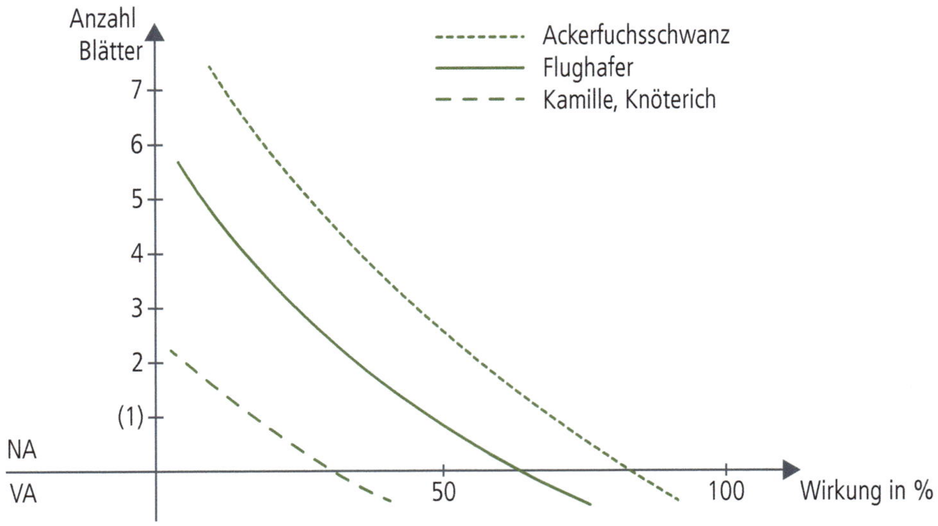

Abbildung 1: Einfluss des Striegeleinsatzes in Bezug zur Pflanzengröße

Interpretation:

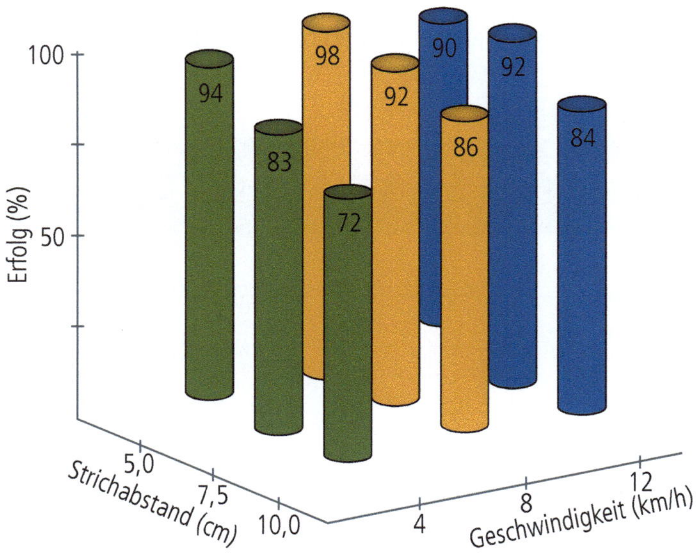

Abbildung 2 : Maschineneinstellung beim Striegeleinsatz

Interpretation:

Lernsituation 1.3.2 Pflanzen anhand der Gegebenheiten bedarfsgerecht düngen

Situation

Bei der alljährlichen Feldbegehung im Praxisbetrieb fällt Ihnen und Ihrer Gruppe ein unterschiedlich gefärbter und lückiger Getreidebestand auf.

Abbildung 1: Unregelmäßiger Feldaufgang

Ein Mitglied Ihrer Gruppe meint spöttisch: „Da hat der Azubi beim Säen wohl Mist gebaut!"
Ihr Ausbilder hört das und gibt zur Antwort: „Könnte schon sein, aber es gibt eine Vielzahl an weiteren möglichen Ursachen."

1 Das optimale Pflanzenwachstum ist von inneren und äußeren Faktoren abhängig. Analysieren Sie anhand des Fotos in der Situation die äußeren **Wachstumsfaktoren** und tragen Sie diese in die Tabelle ein. Recherchieren Sie die Auswirkungen bei Über- und Unterversorgung.

Tabelle 1: Wachstumsfaktoren, Mangel- und Überschusssymptome

	Wachstumsfaktoren	Bedeutung	Auswirkungen auf die Pflanze durch	
			Überversorgung	Unterversorgung
1	______	______ ______ ______ ______ ______	■ Verstärktes Längenwachstum ■ Starker Abbau von Reservestoffen	______ ______ ______ ______ ______

	Wachstumsfaktoren	Bedeutung	Auswirkungen auf die Pflanze durch	
			Überversorgung	Unterversorgung
2			■ In der Regel keine Überversorgung (Ausnahme: Gewächshaus) ■ Probleme durch Extremwetterereignisse	
3			■ Probleme durch Extremwetterereignisse	■ Welkerscheinungen der Blätter
4				■ Verblassen der Triebe ■ Übermäßiges Längenwachstum der Triebe
5		■ Steuern Stoffwechselvorgänge und Aufbau der Pflanze		■ Aufhellung der Blätter (Chlorosen) ■ Absterben der Blätter (Nekrosen) ■ Kümmerwuchs ■ Mindererertrag

2 Die verfügbare Menge der jeweiligen Wachstumsfaktoren ist essenziell für das Pflanzenwachstum. Ein Ausgleich durch andere Faktoren ist nicht möglich. Füllen Sie den Lückentext mithilfe der Begriffe im Wortkasten aus.

> Ertrag ■ Ertragshöhe ■ Ertragsverlusten ■ Ertragszuwachs ■ Gesetz vom abnehmenden Ertragszuwachs ■ Justus von Liebig ■ Mangel ■ maximal erlaubte ■ Minimum ■ Minimumgesetz ■ optimalen ■ Pflanzenwachstum ■ Schädigungen ■ Steigerung ■ Viel hilft viel ■ Zusammenspiel

Ein entscheidender Wachstumsfaktor sind die Nährstoffe. Besonders hier wird ein ________ sehr schnell sichtbar und ist meist durch ein rechtzeitiges Eingreifen des Landwirtes behebbar. Befindet sich einer der Nährstoffe im ________, hat dies Auswirkungen auf den ________. Der am wenigsten vorhandene Nährstoff begrenzt das ________________. Dieses Prinzip wird nach dem deutschen Chemiker ______________ als „______________" bezeichnet.

Die __________ einer Kultur ist vom ______________ vielerlei Faktoren wie Wärme, Wasser, Bodenbeschaffenheit oder Düngung abhängig. Grundsätzlich führt Düngung zu einer Ertragssteigerung. Aber nicht immer ist die ______________ Menge gleich der _________ Menge. Grund dafür ist, dass der Pflanzenertrag mit jeder _________ einer Düngergabe nicht linear, sondern immer geringer zunimmt. Der _____________ je zusätzlich ausgebrachter Düngemittelgabe nimmt ab einer bestimmten Düngermenge ab. Bei weiteren Gaben, welche die optimale Nährstoffversorgung übersteigen, führt es zu ____________ und ______________. Wer nach dem Motto „___________" wirtschaftet bzw. düngt, verursacht mehr Probleme und unnötige Kosten. Dieses Prinzip wird als „________________________ ______________" bezeichnet.

3 Ergänzen Sie folgende Tabelle zu den Haupt- und Spurennährstoffen, die eine Pflanze für das Wachstum benötigt.

Tabelle 1: Funktion der Hauptnährstoffe und der Spurenelemente

Nährstoff	Aufnahmeform	Aufgabe in der Pflanze	Mangelsymptome
Hauptnährstoffe			
N ________	NO_3^- NH_4^+	________ ________ ________	________ ________ ________
P ________	$H_2PO_4^-$ HPO_4^{2-}	________ ________	________ ________
K ________	K^+	________ ________ ________ ________ ________ ________ ________	________ ________ ________ ________ ________ ________ ________
Mg ________ ________	Mg^{2+}	________ ________ ________	________ ________ ________

Nährstoff	Aufnahmeform	Aufgabe in der Pflanze	Mangelsymptome
Hauptnährstoffe			
Ca	Ca^{2+}		
S	SO_4^{2-}		
Spurenelemente			
B	$H_2BO_3^-$ HBO_3^{2-}		
Fe	Fe^{2+}		
Mn	Mn^{2+}		
Cu	Cu^{2+}		
Zn	Zn^{2+}		
Mo	$MoSO_4^{2-}$		
Cl	Cl^-		

4 Hier ist einiges durcheinandergeraten. Ordnen Sie richtig zu.

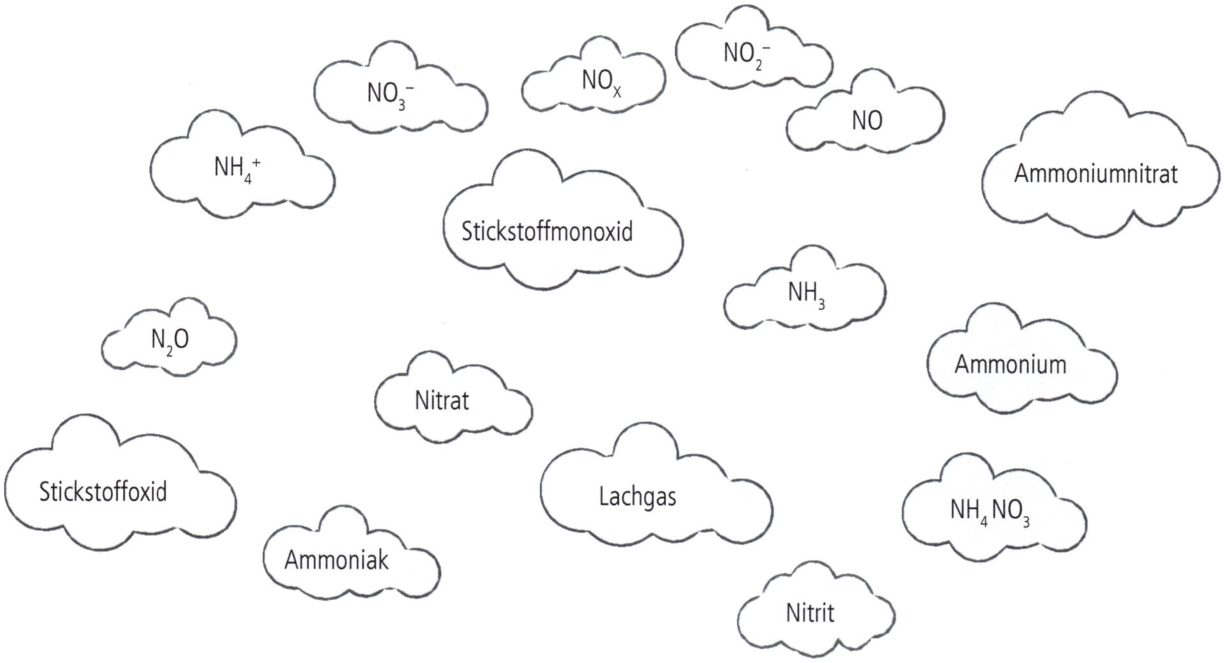

Abbildung 1

5 Die Güllegrube Ihres Betriebes ist voll. Ihr Ausbilder hofft auf Regen, um Gülle auf die Bestände ausbringen zu können. In der Klasse diskutieren Sie, ob nun Gülle oder synthetische Formen von Stickstoff für die Bestände effizienter sind.

Anhand des Stickstoffkreislaufes werden Ihnen die Zusammenhänge deutlicher.

a Vervollständigen Sie die Lücken im Stickstoffkreislauf.

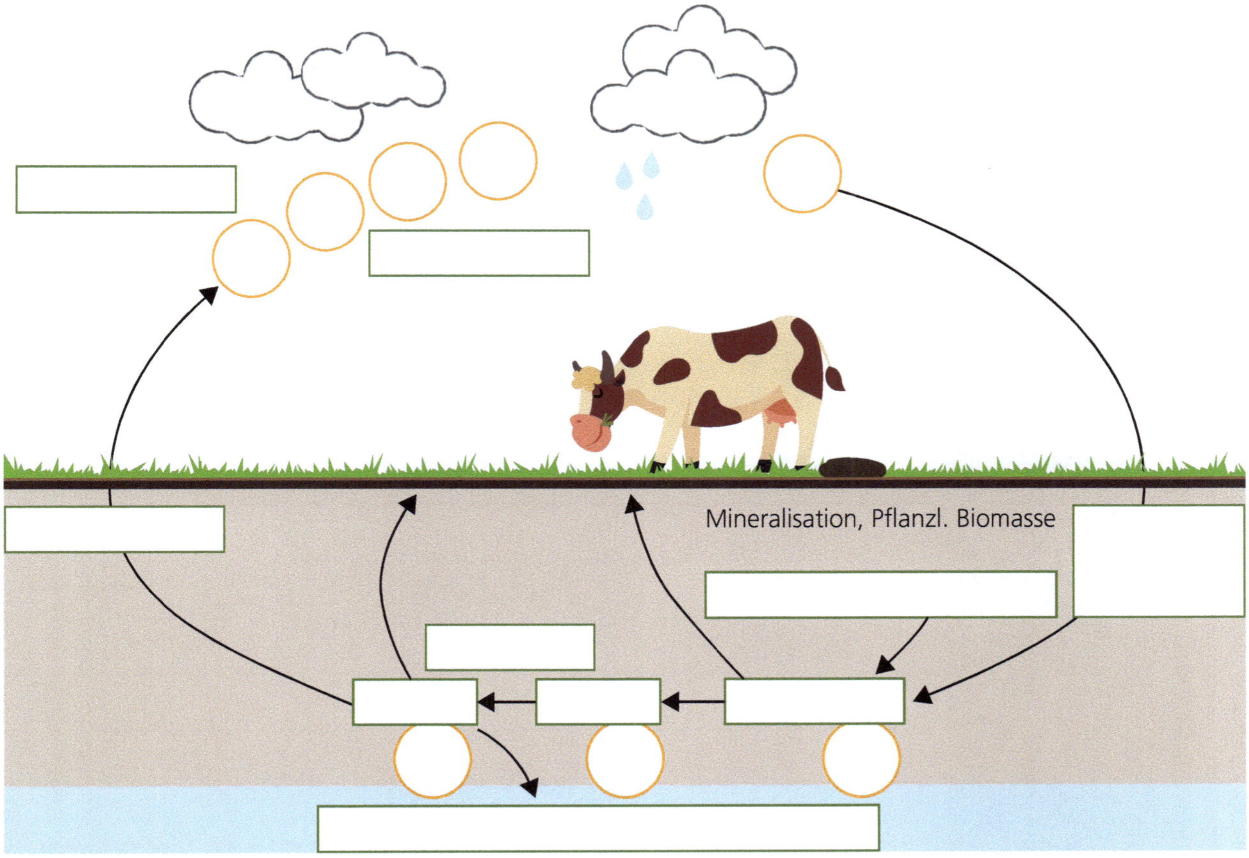

Abbildung 2: Stickstoffkreislauf

b Beschreiben Sie die in der Tabelle beschriebenen Vorgänge.

Tabelle 1: Chemische Prozesse im Stickstoffkreislauf

Mineralisation	
Ammonifikation	
Nitrifikation	
Denitrifikation	

c Nennen Sie die drei natürlichen Stickstoffquellen und geben Sie die jeweilige Menge pro Jahr und Hektar an.

____

____

____

6 Beschreiben Sie das Haber-Bosch-Verfahren.

____

____

____

7 Eine mineralische Düngung ist ohne die Kenntnis chemischer Grundlagen undenkbar.
Ordnen Sie den Begriffen die entsprechenden Definitionen zu.

Tabelle 1: Physiologische Vorgänge in Pflanzen

Diffusion …	… ist der Innendruck einer Zelle. Mithilfe von Osmose gelangen Wasser und Nährstoffe in die Zelle und üben Druck von innen gegen die Zellwand aus. Dadurch werden unverholzte Pflanzen stabiler. Nachlassenden Zellinnendruck erkennt man als Welken der Pflanzen.
Osmose …	… ist ein Prozess, bei dem sich Teilchen in einem Raum gleichmäßig verteilen und vermischen. Dieser Prozess findet bei gasförmigen und flüssigen Stoffen statt. Hohe Temperaturen fördern diesen Prozess.
Dissoziation …	… ist die einseitige Bewegung von Wasser durch eine halb durchlässige Membran, um einen Konzentrationsunterschied zwischen Innen- und Außenraum auszugleichen.
Semipermeable Membran …	… ist die Zerlegung eines Stoffes oder Moleküls in kleinere Teile. Diese Zerlegung kann durch verschiedene Vorgänge ausgelöst werden, z. B. Wärme, Auflösen in Wasser oder elektrischen Strom.
Turgor …	… bedeutet halb durchlässig, d. h. nur durchlässig für bestimmte Substanzen. Diese Substanzen können also ungehindert die Membran durchdringen, während andere blockiert werden.

(Quelle : http://www.biologie-schule.de/osmose.php)

8 Entscheiden Sie, ob folgende Aussagen richtig oder falsch sind. Stellen Sie anschließend die drei falschen Aussagen richtig und erläutern Sie den jeweiligen Sachverhalt.

Tabelle 1: Pflanzenernährung

		Richtig	Falsch
1	Die Pflanze kann über zwei Wege (Blatt und Wurzel) Nährstoffe aufnehmen.		
3	Die Pflanzenwurzeln können zu den Nährstoffen hinwachsen. Somit wird die Verfügbarkeit erhöht.		
5	Unter einem Nährstoffantagonismus versteht man die gegenseitige Unterstützung zweier Nährstoffe.		

		Richtig	Falsch
2	Bei Trockenheit treten keine Nährstoffmangelsymptome auf.		
4	Über die Spaltöffnungen können Nährstoffionen ebenfalls in die Pflanzenzellen gelangen.		
6	Die Aufnahme von Kationen (z. B. K^+) in die Wurzel hebt den pH-Wert im Boden.		

Korrektur der falschen Aussagen:

9 In Ihrem Ausbildungsbetrieb steht der Einkauf von Düngemitteln an. Um die richtigen Düngemittel zu kaufen, brauchen Sie Hintergrundwissen über deren Eigenschaften und chemische Formen. Ihr Ausbilder beauftragt Sie, sich über die gängigen Düngemittel zu informieren.

a Aus Ihrem Chemieunterricht kennen Sie noch folgenden Zusammenhang: „Mithilfe der Dissoziation zerfallen die Salze in Kationen und Anionen". Ordnen Sie den vorgegebenen Düngersalzen die entsprechenden Ionen zu. Geben Sie zusätzlich den Namen von handelsüblichen Düngern an.

K^+

NH_4^+

Ca^{2+}

K^+

NH_4^+

Ca^{2+}

Kaliumchlorid
____

Ammoniumnitrat
____

Ammoniumsulfat
____

Kaliumsulfat
____

Calciumnitrat
____

Calciumcarbonat
____

SO_4^{2-}

SO_4^{2-}

NO_3^-

CL⁻

NO_3^-

CO_3^{2-}

b Recherchieren Sie für die in Ihrem Ausbildungsbetrieb eingesetzten mineralischen Düngemittel (nur Hauptnährstoffdünger) Nährstoffgehalte, Ionenformen und aktuelle Preise.

Tabelle 1: Düngemittelübersicht

Düngemittel-bezeichnung	Gehalt an Nährstoffen (in Prozent)						Aufnahme in Form von … Besonderheiten	Aktueller Preis je Dezitonne
	N	P	K	Mg	S	Ca		
Kalkammon-salpeter	___	___	___	___	___	___	___	___
Alzon	___	___	___	___	___	___	___	___
___	___	___	___	___	___	___	___	___
___	___	___	___	___	___	___	___	___

c Ihr Ausbilder bittet Sie um Unterstützung beim Einkauf des Stickstoffdüngers. Wählen Sie zwei übliche N-Einzeldüngemittel aus und führen Sie eine Preiswürdigkeitsberechnung durch (in Euro pro Kilogramm). Berechnen Sie die benötigte Düngemittelmenge und die Gesamtkosten für den folgenden Weizenschlag („Redinger-Acker"):

Daten des „Redinger-Ackers": 5,4 ha; N_{min} = 80 kg/ha; Stickstoffbedarfswert je dt Ertrag: 2,88 kg N; langjähriger Ertragsdurchschnitt: 81 dt/ha

N-Bedarf Weizenschlag:

Preisvergleich Dünger (Kosten je kg N):

Düngermenge Schlag:

d Hat der von Ihnen gewählte Dünger neben dem Preis noch weitere Vorteile?

10 Welche Aspekte sind bei der ersten Düngergabe im zeitigen Frühjahr zu beachten bzw. welche Vorgaben sind zu erfüllen?

11 Für eine effiziente Düngung sind Kenntnisse und Berechnungen zur Ausbringmenge erforderlich. Ergänzen Sie die fehlenden Angaben in der Tabelle.

Tabelle 1: Redinger-, Müller-, Meier- und Seidl-Schlag

	Redinger-Acker	Müller-Schlag	Meier-Acker	Seidl-Schlag
Schlaggröße (ha)	5,4 ha	7,3 ha		
Ausbringmenge (kg/ha)	120 kg/ha		100 kg/ha	96 kg/ha
Arbeitsbreite Düngerstreuer (m)	20 m	20 m	20 m	18 m
Geschwindigkeit (km/h)	10 km/h	9 km/h	8 km/h	
Ergebnis der Abdrehprobe (kg/min)		27 kg/min	27,03 kg/min	24 kg/min
Arbeitsstrecke (m)				
Gesamte benötigte Arbeitszeit (h); ohne Berücksichtigung des Wendens			0,29 h	0,6 h

Platz für Ihre Berechnungen:

12 In Ihrer Berufsschulklasse entsteht eine Diskussion über mineralische Düngemittel. Einer Ihrer Mitschüler äußert sich folgendermaßen: „Ich werde nie auf Öko umstellen, da darf man ja gar keine mineralischen Düngemittel verwenden! Dadurch werden die Böden nur ausgelaugt!"

a Nehmen Sie Stellung zu dieser Aussage.

b Recherchieren Sie die Möglichkeiten der mineralischen Düngung im Ökolandbau und ergänzen Sie die Tabelle.

Tabelle 1: Zulässige Düngemittel im Ökolandbau

Auswahl zugelassener Hauptnährstoffdünger für den Ökolandbau (Rechtsvorschriften der EU)			
Düngemittel		**Beschreibung**	**Nährstoffgehaltgehalte (%)**
P	**DC-Naturphosphat**		
	Dolophos 15		
K	**Patentkali**		
	Magnesia-Kainit		
Ca	**Naturkalk**		
	Algenkalk		
Mg	**Magnesium-Sulfat (Kieserit)**		
	Magnesium-Carbonat		

(Quelle: Bioland Erzeugerring Bayern e. V. 2013)

13 Blättern Sie noch einmal zur Lernsituation auf **Seite 73** zurück. Können die Fehlstellen etwas mit Düngungsmaßnahmen zu tun haben? Fallen Ihnen aufgrund Ihrer praktischen Erfahrungen mit Witterung, Bodenbearbeitung, Saatgut usw. noch andere mögliche Ursachen ein?

14 Sie fahren gemeinsam mit Ihrem Ausbilder zum Lagerhaus, um den bestellten Dünger abzuholen. Beim Betreten des Düngemittellagers fällt Ihnen folgendes Datenblatt auf:

Raiffeisen

Betriebsanweisung für die Lagerung von Düngemitteln

Diese Betriebsanweisung dient dem Schutz der im Lager Beschäftigten, der Nachbarschaft und der Umwelt. Sie gilt für den Umgang mit pulver- und granulatförmigen Düngemitteln einschließlich ammoniumnitrathaltiger Düngemittel der Gruppe C bis max. 28 % N, Branntkalk und Kalkstickstoff.

Die Betriebsanweisung erfüllt die Anforderungen, die sich aus folgenden Regelwerken ergeben: Arbeitsschutzgesetz, Gefahrstoffverordnung, TRGS 510, TRGS 511, TRGS 555, TRGS 900, TA Luft, Betriebssicherheitsverordnung, Wasserhaushaltsgesetz sowie DGUV V1.

Diese Betriebsanweisung wird ergänzt durch eine vom DRV herausgegebene Arbeitshilfe mit weitergehenden Erläuterungen.

1 Gefahrenpiktogramme und -bezeichnungen

Düngemittel können durch Piktogramme, Signalwörter, Gefahrenbezeichnungen, Gefahrenhinweise sowie durch Angaben zu Gefahrklassen gemäß europäischer CLP-Verordnung (Verordnung (EG) Nr. 1272/2008) oder gemäß dem Gefahrgut-Transportrecht gekennzeichnet sein. Ammoniumnitrathaltige Düngemittel sind zusätzlich eingestuft und gekennzeichnet mit den Großbuchstaben A bis D sowie Untergruppen gemäß TRGS 511. Bei gesackter Ware muss sich die Kennzeichnung auf der Verpackung befinden, bei lose geschütteten Düngemitteln gut sichtbar am Ort der Lagerung. Weitere Angaben, z.B. zur Wassergefährdungsklasse (WGK), finden sich in Sicherheitsdatenblättern, Informationslisten und Produktinformationen der Hersteller.

1.1 Gefahrenpiktogramme und -bezeichnungen gemäß GHS/CLP

GHS03 oxidierend | GHS05 ätzend | GHS07 Achtung | GHS08 CMR*) | GHS09 gewässergefährdend

*) krebserzeugend, erbgutverändernd, fortpflanzungsgefährdend

Die Gefahrenpiktogramme werden ergänzt durch die **Signalwörter** „Gefahr" oder „Achtung". Dabei deutet das Signalwort „Gefahr" immer auf ein besonders hohes Gefahrenpotential hin. Bei mehreren Piktogrammen ist nicht erkennbar, zu welchem Piktogramm ein bestimmtes Signalwort gehört.

Die **Gefahrenhinweise** bestehen aus einem H (für **Hazard Statement**) und drei Ziffern, wobei die erste Ziffer das Gefahrengebiet angibt:
H2xx = Physikalische Gefahr
H3xx = Gesundheitsgefahr
H4xx = Umweltgefahr.

Die **Sicherheitshinweise** beschreiben in standardisierter Form die empfohlenen Vorsichtsmaßnahmen. Sie bestehen aus einem P (für Precautionary Statement) und drei Ziffern, wobei die erste Ziffer das Themengebiet angibt:
P1xx = Allgemein
P2xx = Prävention
P3xx = Reaktion
P4xx = Lagerung
P5xx = Entsorgung.

1.2 Gefahrzettel und Gefahrklassen nach dem Transportrecht

Gefahrgüter sind mit Gefahrzetteln gemäß dem Gefahrgut-Transportrecht (Europäisches Übereinkommen über die Beförderung gefährlicher Güter auf der Straße – ADR) gekennzeichnet. Bei Düngemitteln sind nachfolgende Gefahrzettel möglich:

Nr. 5.1 Entzündend (oxidierend) wirkende Stoffe | Nr. 8 Ätzende Stoffe | Nr. 9 Verschiedene gefährliche Stoffe und Gegenstände | Umweltgefährdende Stoffe*) | Kennzeichen für Versandstücke, die begrenzte Mengen enthalten

*) Umweltgefährdende Stoffe, die die Kriterien des Absatzes 2.2.9.1.10 ADR erfüllen, werden zusätzlich mit dem Kennzeichen „Umweltgefährdend" oder „Meeresschadstoff / Umweltgefährdend" gekennzeichnet

1.3 Kennzeichnung ammoniumnitrathaltiger Düngemittel

Ammoniumnitrathaltige Düngemittel sind – gemäß TRGS 511 – zusätzlich eingestuft und gekennzeichnet mit den Großbuchstaben A bis D sowie der jeweiligen Untergruppe (römische Ziffer), die für bestimmte Gefahrenpotentiale stehen. Ammoniumnitrathaltige Düngemittel der Gruppe C (N-, NK-, NP und NPK-Dünger) sind mit dem Hinweis „Kennzeichnung nach Gefahrstoffverordnung" und der Bezeichnung „Düngemittel mit Ammoniumnitrat, Gruppe C" sowie einer römischen Ziffer (I, II, III oder IV) gekennzeichnet.

2 Gefahren für Mensch und Umwelt

Vom Lagergut Düngemittel können folgende Gefahren ausgehen:

Gesundheitsgefahr durch Hautkontakt, beim Einatmen oder Verschlucken, beispielsweise gesundheitsschädlicher, ätzender, reizender oder sensibilisierender Produkte.

Brandgefahr durch starke Erhitzung von Branntkalk bei Kontakt mit Wasser.

Umweltgefahr durch
- Produktfreisetzung, insbesondere Abfluss von Löschwasser in die Kanalisation, in Gewässer oder in den Boden
- unsachgemäße Entsorgung von Abfällen und
- Freisetzung von Brand- bzw. Schwelgasen.

Bei andauernder Erhitzung ammoniumnitrathaltiger Düngemittel **Gefahr der Verschwelung** durch thermische Zersetzung. Dabei können u.a. stickoxidhaltige (nitrose) Gase entstehen.

3 Schutzmaßnahmen und Verhaltensregeln

3.1 Allgemeine Schutzmaßnahmen und Verhaltensregeln

Rettungswege, Notausgänge und Feuerwehrzufahrt immer freihalten. Innerbetriebliche Verkehrsregelungen beachten. Arbeitsgeräte und Fahrzeuge nicht mit laufendem Motor in der Nähe von Düngerlägern stehen lassen. Motorgetriebene Arbeitsgeräte nicht unbeaufsichtigt im Düngerlager abstellen.

Im Lager sind Arbeitskleidung und Sicherheitsschuhe zu tragen. Arbeitskleidung getrennt von Straßenkleidung aufbewahren.

Essen, Trinken, Rauchen, Feuer, offenes Licht und Schnupfen ist während der Arbeit sowie in und an den Lagereinrichtungen verboten. Vor Arbeitspausen und nach Arbeitsende Gesicht und Hände gründlich reinigen.

Unbefugten ist der Zugang verboten. Gefahrstoffe sind unter Verschluss oder so zu lagern, dass nur fachkundige und zuverlässige Personen Zugang haben.

Für Ordnung und Sauberkeit am Arbeitsplatz sorgen. Nach Ein- und Auslagerungsarbeiten ist die Umgebung besenrein zu säubern. Unfallgefahren beseitigen bzw. dem Vorgesetzten melden.

Lagerung der Produkte nur nach Einlagerungsplan. Zusammenlagerungsregeln gem. GefStoffV und Technischer Regeln (insbes. TRGS 510 und 511) beachten.

Lagergüter übersichtlich und nur auf den dafür vorgesehenen Flächen bzw. in den Lagereinrichtungen lagern. Lageranweisungen (z.B. für Stapelhöhe, zulässige Belastung und für die Kontrolle auf Mängel) beachten. Sackstapel nur so errichten und abtragen, dass eine Gefährdung durch herabfallende, umfallende oder wegrollende Gegenstände ausgeschlossen werden kann. Der Ort der Lagerung ist vor der Beschickung sorgfältig zu reinigen, insbesondere bei vorheriger loser Lagerung anderer Düngemittel oder brennbarer Stoffe. Sofern das Lager bzw. die Lagerbox auch für Getreide genutzt wird, sind die entsprechenden Arbeitsanweisungen zur Reinigung zu beachten; ggf. ist eine Nassreinigung erforderlich.

Düngemittel – auch als gesackte Ware – sind gegen Witterungseinflüsse und Verunreinigungen geschützt zu lagern. Bei ammoniumnitrathaltigen Düngemitteln ist ein Schutz gegen Sonneneinstrahlung und Feuchtigkeit durch Regen, Nebel und Schnee erforderlich. Verhärtete Massen dürfen nur mechanisch aufgelockert werden.

Mit verpackten Düngemitteln so umgehen, dass Beschädigungen der Verpackungen sowie das Austreten von Produkten vermieden werden.

Überlagerte oder unbrauchbar gewordene Produkte und verunreinigtes Packmaterial bzw. Aufsaugmittel für Flüssigkeiten nach gesonderter Arbeitsanweisung aufbewahren.

Bei Beladung auf oder in Fahrzeuge immer Ladungssicherung vornehmen.

3.2 Lagerung von ammoniumnitrathaltigen Düngemitteln

Düngemittel der Gruppe C sind Zubereitungen, die weder zur selbstunterhaltenden fortschreitenden thermischen Zersetzung noch zur detonativen Umsetzung fähig sind. Jedoch können beim Erhitzen Stickoxide entstehen.

Ammoniumnitrathaltige Düngemittel sind gegen Witterungseinflüsse (Sonneneinstrahlung, Einwirkung von Wasser in Form von Regen, Nebel und Schnee) und vor Verunreinigungen zu schützen. Um die Streu- und Rieselfähigkeit zu erhalten, sind sie stets trocken zu lagern.

Zur Trockenhaltung und Trocknung der Lagerboxen und Zufahrten dürfen keinesfalls organische Materialien (z.B. Sägespäne) verwendet werden.

Ammoniumnitrathaltige Düngemittel sind vor jeglicher Aufheizung zu schützen. Sie müssen zu Heizkörpern und Heizungsrohren, Dampfleitungen – auch isolierten – Schornsteinen sowie Wänden, die durch benachbarte Heizungseinrichtungen oder Schornsteine erwärmt werden, mindestens 0,5 m Abstand haben.

Ammoniumnitrathaltige Düngemittel müssen von elektrischen Anlagen mindestens 0,5 m Abstand haben. Diese dürfen nicht zugeschüttet oder zugedeckt werden.

Bei verpackten Düngemitteln kann der Abstand zu stromdurchflossenen Kabeln auf 0,1 m verringert werden, wenn die Kabel im Verkehrs- und Lagerbereich bis zur maximalen Stapelhöhe gegen mechanische Beanspruchung ausreichend geschützt sind.

Fördermittel, die betriebsmäßig oder bei Störungen heißlaufen können sowie elektrische Anlagen sind regelmäßig von Ablagerungen zu säubern und gemäß DGUV V3 den nötigen Prüfungsintervallen zu unterziehen.

Zusammenlagerungsmöglichkeiten und –bedingungen mit ammoniumnitrathaltigen Düngemitteln:	im Freien	im Lager-raum	verpackte Produkte im Lager-raum
Brennbare Stoffe und solche Materialien, mit denen es zu gefährlichen chemischen Reaktionen kommen kann, z.B.: – sehr giftige, giftige, ätzende, brandfördernde, hochentzündliche, leichtentzündliche oder entzündliche Gefahrstoffe im Sinne der GefStoffV – organische Peroxide und sonstige Stoffe, die mit Düngemitteln gefährliche chemische Reaktionen eingehen, z.B. Chlorate, Chlorite, Hypochlorite, Nitrite – brennbare Stoffe, wie z.B. Kohlenstaub, Öl, Treibstoff, Getreide, Putzwolle, Metallpulver, Schmieröle, Pflanzenöle, Anstrichmittel, Lacke – sonstige Materialien, die ihrer Art und Menge nach geeignet sind, zur schnellen Entstehung oder Ausbreitung von Bränden beizutragen, z.B. Papier, Textilien, Holz, Holzwolle, Heu, Stroh, Kartonagen, brennbare Verpackungsfüllstoffe.	5 m	nicht möglich	nicht möglich
Branntkalk und Kalkstickstoff	5 m	2,50 m	2,50 m
Chlorathaltige Unkrautvertilgungsmittel und technischer Chlorkalk Sauer oder alkalisch reagierende Stoffe, wie z.B. alle Säuren, Zement, außer Branntkalk und Kalkstickstoff	5 m	2,50 m / Trennwand	1 m
Brennbare Stäube oder Granulate und andere feste brennbare Stoffe	5 m	nicht möglich	2,50 m[1]
Andere, mit ammoniumnitrathaltigen Düngemitteln nicht reagierende Stoffe, wie z.B. Ammoniumsulfat, Harnstoff[2], Kali-Dünger, kohlensaurer Kalk (Calciumcarbonat), Magnesiumsulfat, PK-Dünger.	ohne Einschränkungen		

1) mit Zwischenlagerung anderer, nicht reagierender Stoffe zwischen den zu trennenden Produkten, ansonsten Trennwand F90.

2) Zur Vermeidung von Feuchtigkeitsschäden sollten Düngemittel mit unterschiedlichen hygroskopischen Eigenschaften getrennt voneinander gelagert werden.

3.3 Lagerung von Branntkalk und Kalkstickstoff

Branntkalk (Handelsbezeichnungen auch: Weißfeinkalk, Feinkalk, Stückkalk) ist reizend (Kennzeichnung GHS05 und 07), und reagiert mit Wasser heftig und unter starker Hitzeentwicklung zu einer Lauge. Kalkstickstoff (z.B. Perlka) ist reizend und gesundheitsschädlich (GHS05 und 07). Er reagiert mit Wasser zu einer Lauge. Beide Kalke sind nicht brennbar.

Berührung mit der Haut vermeiden. Bei Hautkontakt sofort mit viel Wasser abwaschen.

Berührung mit den Augen vermeiden (Gefahr ernster Augenschäden). Bei Augenkontakt sofort mit sehr viel Wasser spülen. Sofort Arzt aufsuchen.

Branntkalk und Kalkstickstoff so lagern, dass er weder feucht werden noch mit brennbaren Stoffen in Berührung kommen kann. Keine Lagerung unmittelbar am Boden (mindestens eine weitere Palette unterlegen). Keine Zusammenlagerung mit Säuren, brennbaren Stoffen, Pflanzenschutzmitteln sowie ammoniumnitrathaltigen Düngemitteln (gemäß obiger Tabelle). Innerhalb der Abstandsflächen können inerte Stoffe gelagert werden. Lagerung nicht auf Holzfußboden.

Verschüttungen oder Auslaufen vermeiden. Darf nicht in Gewässer gelangen (Störungen durch pH-Verschiebung).

Beim Löschen von Umgebungsbränden kein Wasser, sondern Pulverlöscher verwenden.

4 Verhalten im Gefahrfall

4.1 Verhalten bei Brand oder Zersetzung

Zersetzungsprodukte können Ammoniak, Kohlenstoffoxide, Nitrose Gase, Chlorwasserstoff, Fluorwasserstoff und Schwefeloxide enthalten.

Feuer-/Brandalarm auslösen: Feuerwehr, Mitarbeiter und Vorgesetzte (gemäß Alarm- und Gefahrenabwehrplan) alarmieren.

Gefährdete Betriebsbereiche von Personen räumen, insbesondere den von Brandgasen betroffenen Bereich.

Entstehungsbrand bekämpfen, soweit dies gefahrlos möglich ist.
VORSICHT, VERGIFTUNGSGEFAHR!

Geeignete Löschmittel:
- **Branntkalk** und **Kalkstickstoff** ⇒ Schaum, CO_2 oder Pulver, kein Wasser!
- **ammoniumnitrathaltige Düngemittel** ⇒ viel Wasser

Beim Löschen von Umgebungsbränden Pulverlöscher verwenden.
Ggf. Zufahrts- und Angriffswege für die Feuerwehr frei machen.

Eintreffende Feuerwehr einweisen (zur Unterstützung sach- und ortskundigen Betriebsangehörigen abstellen). Feuerwehr über Menge, Art (siehe auch Sicherheitsdatenblatt) und Lage der einzelnen Lagergüter und Lage des Hauptschalters für die Stromversorgung informieren.
Darauf hinweisen, dass
- Zersetzungen (Schwelbrände) nur mit viel Wasser bekämpft werden können
- Qualmwolke nitrose Gase enthält (⇒ umluftunabhängiges Atemschutzgerät und Schutzanzug notwendig)
- abfließendes Löschwasser Umweltschäden verursachen kann.

Anordnungen der Einsatzleitung befolgen.

Unkontrolliertes Ablaufen von Löschwasser verhindern (z. B. Gullys in der Ladezone schließen oder abdecken).

4.2 Verhalten bei Produktaustritt

Zur Aufnahme von Flüssigkeiten niemals organische Materialien (z.B. Sägespäne) verwenden.

Falls pulver- oder granulatförmige Düngemittel unbeabsichtigt austreten:
Produktkontakt unbedingt vermeiden: Stäube nicht einatmen; Produkt nicht auf die Haut oder in die Augen gelangen lassen.
Pulver und Granulate aufnehmen. Dabei Staubentwicklung vermeiden. Zur Zwischenlagerung in einem Leckagebehälter außerhalb des Lagers 1:1 mit inerten Materialien (z.B. feinkörnigem Quarzsand) vermischen. Weitere Verwendbarkeit prüfen. Verschmutzte Umgebung feucht bzw. nass reinigen. Reinigungsmaterial und verunreinigte Verpackungen in die dafür vorgesehenen Leckagebehälter füllen und verschließen.

Falls flüssige Düngemittel unbeabsichtigt austreten:
Flüssige Produkte am Fortfließen hindern, mit saugfähigem Material (z.B. mit geeignetem Chemikalienbindemittel) aufnehmen und in verschließbare Behälter füllen; nicht wegspülen.

Falls sonstige Produkte in der Nähe des Düngemittel-Lagers unbeabsichtigt austreten: Produkt entsprechend produktspezifischen Hinweisen aufnehmen und fachgerecht entsorgen.

Bei Austreten von **Gefahrstoffen**: Feuer- und Heißarbeiten sofort einstellen und erhitzte Metallteile mit Wasser kühlen; Funkenbildung vermeiden; für gute Belüftung sorgen. Stapler stilllegen, wenn gefahrlos möglich, entfernen. Weitere Maßnahmen entsprechend Sicherheitsdatenblatt oder produktspezifischer Betriebsanweisung. Gefährdete Betriebsbereiche von Personen räumen. Mitarbeiter, Vorgesetzte und ggf. Feuerwehr alarmieren. Persönliche Schutzausrüstung vollständig anlegen. Erst dann mit der Beseitigung ausgetretener Produkte beginnen.

Verunreinigte Kleidung sofort ausziehen, gesondert aufbewahren und fachgerecht reinigen oder entsorgen.

5 Erste Hilfe

Unbedingt auf **Selbstschutz** achten. Betroffene aus dem Gefahrenbereich bringen. Erste Hilfe leisten, ggf. Ersthelfer hinzuziehen.

Bei schweren Verletzungen über Notruf Rettungsdienst (112) alarmieren.
Bei Produktkontakt Hinweise im entsprechenden Sicherheitsdatenblatt beachten.

Verletzungen dem Vorgesetzten melden und den Vorfall in geeigneter Weise (Verbandbuch) dokumentieren.

Bei anhaltenden Beschwerden einen Arzt aufsuchen.

5.1 Erste Hilfe bei Kontakt bzw. Verätzungen

Verunreinigte Kleidung und Schutzausrüstung sofort ausziehen.

Bei Hautkontakt mit Branntkalk/Kalkstickstoff sofort mit viel Wasser waschen, ggf. Rettungsdienst alarmieren.

Bei Augenkontakt sofort unter fließendem Wasser möglichst lange spülen, auch unter den Augenlidern. Falls Kontaktlinsen vorhanden, diese nach den ersten 5 Minuten entfernen, dann das Auge weiter spülen. Bei anhaltender Augenreizung oder Rötung ist ein Augenarzt aufzusuchen.

Bei Verschlucken: Mund ausspülen. Kein Erbrechen herbeiführen. Sofort einen Arzt verständigen. Bei **Vergiftungsfällen** können Informations- und Behandlungszentren für Vergiftungen oder Hersteller über Sofortmaßnahmen befragt werden.

5.2 Erste Hilfe bei Verbrennungen und Einatmen von Zersetzungsprodukten

Brennende Kleider sofort löschen (Löschdecke, Wasser, Feuerlöscher).

Kleidung über der Brandwunde entfernen, sofern sie nicht festklebt. Anschließend Wunde großflächig mit einem sterilen metallbeschichteten Brandwundenverbandtuch abdecken, locker fixieren.

Über Notruf Rettungsdienst alarmieren. Verletzte warm halten.

Bei Einatmen gefährlicher Dämpfe, Stäube oder Brandgase sofort Rettungsdienst rufen. Betroffenen an die frische Luft bringen und ausruhen lassen. Falls erforderlich, künstliche Beatmung. Liegend-Transport zum Arzt oder Krankenhaus. Dem Arzt die Produktpackung, Gebrauchsanleitung oder Sicherheitsdatenblatt vorlegen.

Hinweis für den Arzt: Nach Einatmen von Zersetzungsprodukten (nitrosen Gasen) können sich Lungenödeme bilden. Symptome können verzögert auftreten.

6 Instandhaltung und Entsorgung

Feuer- und Heißarbeiten und Arbeiten mit möglichem Funkenflug bedürfen einer vorherigen schriftlichen Erlaubnis (⇒ Erlaubnisschein für Heißarbeiten ausfüllen). Vor Beginn der Arbeiten müssen die Düngemittel aus und unter dem Arbeitsbereich entfernt werden.

Verwendung innerhalb der Landwirtschaft prüfen. Entsorgung unbrauchbar gewordener Produkte und produkthaltiger Abfälle als „Sonderabfall" gemäß den Angaben auf der Verpackung oder Sicherheitsdatenblatt; bei größeren Mengen ggf. beim Hersteller oder der örtlich zuständigen Stelle (Stadt- oder Kreisverwaltung) rückfragen; Entsorgung von Brandrückständen mit der zuständigen Stelle abstimmen.

7 Wichtige Notrufnummern

Polizei	110
Feuerwehr / Rettungsdienst	112
TUIS-Meldezentralen für Chemikalienunfälle (Auswahl):	
BASF SE, Ludwigshafen	0621 / 6043333
Dow Deutschland Anlagengesellschaft mbH, Stade	04146 / 912333
Wacker Chemie AG, Burghausen	08677 / 832222
Yara GmbH & Co KG, Rostock	038202 / 53-512
....	....

.... Datum und .... Unterschrift des Betriebsleiters oder dessen Beauftragten

Herausgeber:
Deutscher Raiffeisenverband e.V. (DRV)
Pariser Platz 3, 10117 Berlin
www.raiffeisen.de

a Geben Sie allgemeine Schutzmaßnahmen und Vorschriften beim Umgang mit Düngemitteln an.

____

____

____

____

____

____

b Vervollständigen Sie die Erklärung der H- (vormals R-) und P-Sätze (vormals S-Sätze) und kreuzen Sie die richtige Bedeutung an.

Tabelle 1: H- und P-Sätze

	Gefahrenhinweis (Hazard)	**Sicherheitshinweis (precautionary)**
Erklärung		
	Beispielsätze	
Reizt die Atmungsorgane		
Darf nicht in die Hände von Kindern gelangen (z. B. Branntkalk)		
Von Nahrungsmitteln, Getränken und Futtermitteln fernhalten		
Explosionsgefahr bei Mischung mit brennbaren Stoffen		
Von Zündquellen fernhalten – nicht rauchen		
Reagiert heftig mit Wasser		
Bei der Arbeit nicht essen und trinken		

ÖKO

15 Zur Ernährung der Pflanzen stehen neben den mineralischen Düngemitteln auch organische Dünger zur Verfügung.

a Erstellen Sie eine **Mindmap** über die organischen Düngemittel.

Organische Düngemittel

b Sie diskutieren in Ihrer Berufsschulklasse über organische Dünger. Dort wird behauptet, organische Dünger wirkten nicht besser als mineralische Düngemittel. Beurteilen Sie diese Aussage.

16 Sie unternehmen einen Winterspaziergang. Dabei beobachten Sie folgendes Vorgehen eines Landwirts:

Abbildung 1: Unsachgemäße Ausbringung von organischen Düngern

Am nächsten Arbeitstag erzählen Sie Ihrem Ausbilder, was Sie beobachtet haben. Stark verärgert meint er: „Genau diese Typen bringen uns Landwirte in Verruf! […] Immer wieder stehen organische Dünger – vor allem Gülle, in der Kritik der Öffentlichkeit."

Nehmen Sie ausführlich dazu Stellung und begründen Sie Ihre Meinung.

17 Wasser und Nährstoffe werden hauptsächlich über die Wurzeln der Pflanze aufgenommen.

a Kennzeichnen Sie den Teil einer Wurzel (Längsschnitt), in dem die Aufnahme und der Transport von Wasser und Nährstoffen erfolgen.

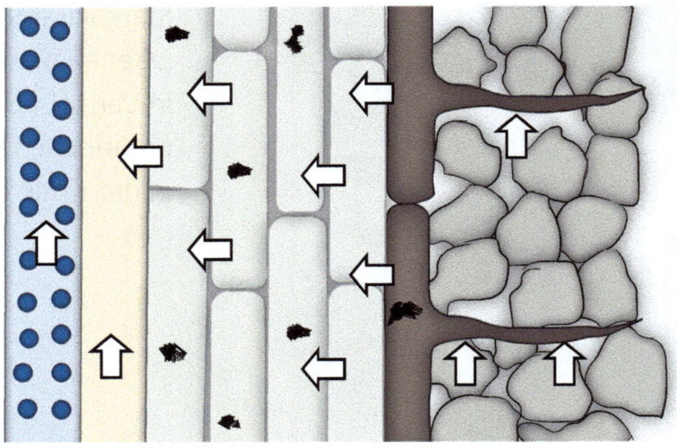

Abbildung 1: Schema Wurzelhaar – Nährstoffaufnahme

b Beschreiben Sie den Vorgang der Wasseraufnahme unter Verwendung der entsprechenden Fachbegriffe (siehe Wortkasten).

Membran ▪ passiv ▪ Osmose ▪ Salzkonzentration ▪ Energie verbrauchen ▪ halb durchlässig

c Wenn es beim Düngen zu Fehlern kommt (Überlappungen, zu hohe Mengen), sind an diesen Stellen häufig helle, teilweise vertrocknete Pflanzen zu sehen. Stellen Sie einen Zusammenhang zwischen diesen Pflanzenschäden und den Düngungsfehlern her.

d Beschreiben Sie den Vorgang des Nährstofftransportes im Boden an die Wurzel und die Nährstoffaufnahme in die Pflanze unter Berücksichtigung folgender Begriffe: Energie verbrauchend, Ionen, Ionen-Konzentration.

18 Vervollständigen Sie den Lückentext zum Thema „Wasser- und Nährstofftransport in der Pflanze" unter Verwendung der Begriffe aus dem Wortkasten.

Adhäsionskräfte ■ aktiv ■ automatisch ■ „fließt" ■ Kohäsionskräfte ■ nachzieht ■ Sog ■ verdünnt ■ Verdunstung ■ Wasserfaden ■ wasserlöslich ■ Wassertropfen ■ Wurzeldruck ■ Wurzelzelle zu Wurzelzelle ■ Xylem

Durch die Wasseraufnahme einer Wurzelzelle wird deren Salzkonzentration ________. Da hierdurch die Nachbarzelle eine höhere Ionenkonzentration besitzt, ________ das aufgenommene Wasser somit von Zelle zu Zelle, bis es zu den Leitungsbahnen in der Wurzel gelangt. In den Leitungsbahnen für Wasser (______) haften die ______________ aufgrund der ______________ aneinander wie Perlen einer Perlenkette. Durch diese Kräfte reißt der ____________ in den Leitungsbahnen nicht ab, wenn Wasser infolge von ____________ an den Spaltöffnungen der Blätter abgegeben wird. Vielmehr entsteht ein ____, der Wasser von unten nach oben praktisch _________. Unterstützt wird dieser Wassertransport durch die ______________ in den dünnen Leitungsbahnen. Eine weitere Ursache für den Wassertransport in der Pflanze ist der ____________, der daran erkennbar ist, dass nach dem Abschneiden von Pflanzen über der Wurzel die Schnittstelle nass wird. Dieser Druck entsteht durch die Weitergabe des Wassers von Wurzelzelle zu Wurzelzelle bis zu den Leitungsbahnen.

Die Nährstoffe werden nach ihrer Aufnahme in die Wurzelhaare _____ von ________________________ weiter in die Leitungsbahnen transportiert. Da sie ____________ sind, werden sie in den Leitungsbahnen mit dem Wasser ___________ mit nach oben transportiert.

19 Mithilfe des aufgenommenen Wassers wird in den grünen Pflanzenteilen – hauptsächlich im Blatt – durch den Vorgang der Photosynthese Energie gewonnen.

Beschriften Sie den Aufbau eines Blattes im Querschnitt. Geben Sie dabei die jeweiligen Funktionen der Blattorgane an.

Tabelle 1: Blattquerschnitt

	Gewebeschicht	Funktion
1		
2		
3		
4		
5		
6		
7		

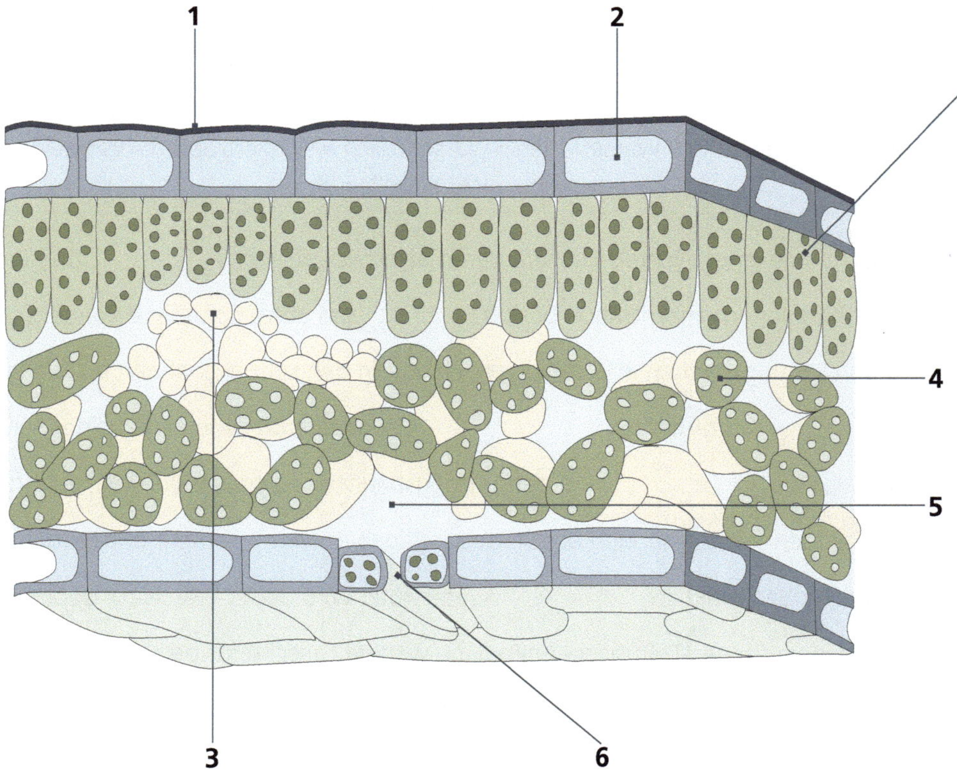

1.4 Pflanzen ernten und vermarkten

Handlungsfeld 1.4
Pflanzen ernten und vermarkten

Lernsituation 1.4.1 Vom Acker auf den Tisch
Erntetechnik, Reifezeitpunkt, Diversifizierung

Lernsituation 1.4.2 Pflanzliche Produkte vermarkten (Projektarbeit)
Vermarktung von Getreide, Diversifizierung

(**Hinweis:** Im Arbeits- und Vertiefungsbuch „Lernsituationen für Landwirte im ersten Ausbildungsjahr" wird das Handlungsfeld 1.4 nur kurz angesprochen. Die Vertiefung der fachlichen Inhalte erfolgt in in den Fachstufen.)

Lernsituation 1.4.1 Vom Acker auf den Tisch

Situation

Sie bekommen zufällig eine Unterhaltung von zwei Spaziergängerinnen mit. Die eine sagt: „Oh je, das Getreide ist schon ganz gelb, sicher steht bald die Ernte an. Dann fahren die Landwirte wieder rund um die Uhr mit ihren großen Maschinen und wir müssen aufpassen, dass wir nicht unter die Räder kommen!" Verärgert gehen Sie zu Ihrem Ausbilder und erzählen ihm von Ihrem Erlebnis. Sie schlagen vor: „Vielleicht sollten wir die Bevölkerung über die Bedeutung unseres Getreides informieren!"

Abbildung 1: Vermarktung regionaler Erzeugnisse

1 Getreide dient als Grundnahrungsmittel für die Bevölkerung und als Energiequelle. Zählen Sie notwendige Getreideerzeugnisse für Mensch und Tiere sowie als Energielieferant auf.

Tabelle 1: Getreideerzeugnisse

Getreideerzeugnisse für den Menschen	
Getreide als Tierfutter	
Getreide zur Energiegewinnung	

2 Erklären Sie stichwortartig den Zusammenhang zwischen den Ängsten der Bevölkerung und der Notwendigkeit einer raschen Getreideernte anhand der Aussage: „Dann fahren die Landwirte wieder rund um die Uhr mit Ihren großen Maschinen …!"

Tabelle 2: Pro und Contra landwirtschaftliche Produktion – Gesellschaft

Pro	Contra

3 Erstellen Sie eine **Mindmap** zum Thema Getreideernte.

Getreideernte

4 Nach der Aufregung mit den Spaziergängerinnen unternimmt Ihr Ausbilder mit Ihnen einen Kontrollgang auf den Weizenschlag, um auszukundschaften, ob der Weizen tatsächlich erntereif ist. Die Wettervorhersagen melden für die nächsten zwei Tage stabiles, trockenes Wetter. Zum Ende der Woche soll es allerdings eine massive Wetteränderung geben.

a Sie führen mit Ihrem Ausbilder bei der Wintergerste die „Nagelprobe" durch. Die Körner lassen sich mit dem Fingernagel nur noch schwer eindrücken. Der Ausbilder erklärt Ihnen, dass hier bereits die Vollreife der Körner vorliegt, mit einem Wassergehalt von etwa 18 %. Ergänzen Sie die Tabelle.

Tabelle 1: Nagelprobe

Reifezustand	Wassergehalt des Korns (%)	Korninhalt
Milchreife	50	______
Teigreife	______	Teigig
______	25	______
Vollreife	18	Hart, lässt sich schwer eindrücken
______	______	Glashart, fällt aus

b Neben den Körnern verändert sich auch die Restpflanze mit zunehmendem Reifezustand. Beschreiben Sie diese Veränderungen von der Milchreife bis zur Totreife.

______

______

______

______

5 Ein guter Ertrag ist das Ziel eines jeden Landwirts. Darauf arbeitet er mit optimalem Saatgut sowie optimaler Ernährung und Pflege der Pflanzen das ganze Jahr hin. Erläutern Sie in diesem Zusammenhang den Spruch „Viel hilft viel".

______

______

______

______

6 Falls Getreide nach der Ernte getrocknet werden muss, dürfen bestimmte Temperaturen dabei nicht überschritten werden. Informieren Sie sich über mögliche Folgeschäden bei der Überschreitung der Temperatur auf über 40 °C.

______

______

______

______

7 Immer wieder kommt es vor, dass sich im gelagerten Getreide Schädlinge einnisten.

a Nennen Sie wichtige tierische Schädlinge im Getreidelager.

Primärschädlinge:

Sekundärschädlinge:

b Bei Vorratsschädlingen gilt die gleiche Aussage wie bei Pflanzenkrankheiten: „Vorbeugen ist besser als Bekämpfen“. Erstellen Sie eine **Mindmap** zum Thema „Schädlinge im Getreidelager“.

Schädlinge im Getreidelager

Lernsituation 1.4.2 Pflanzliche Produkte vermarkten (Projektarbeit)

Das Handlungsfeld 1.4 stellt eine fachliche Brücke zwischen den Fachstufen dar (siehe Lernlandkarte auf S. 6). Diese Lernsituation kann als Möglichkeit für eine umfangreiche Projektarbeit in Verbindung mit dem Handlungsfeld 2.4 gesehen werden (siehe S. 193 ff.).

Situation

Abbildung 1: Vermarktung und Verarbeitung von Getreideprodukten

Ihr Praktikumsbetrieb möchte zukünftig einen Teil seiner Erzeugnisse selbst vermarkten. Den Start bildete die neu errichtete Milchtankstelle. Die Nachfrage nach regionalen Produkten steigt stetig, daher plant Ihr Betrieb, in Kooperation mit seinem „Metzger des Vertrauens" Fleischpakete in einem Kühlautomaten anzubieten. Darüber hinaus möchte er gemeinsam mit dem regionalen Müller die Produktpalette um Getreideerzeugnisse erweitern. Am „Tag des offenen Hofes" möchte der Betrieb die neuen Produkte in einer ansprechenden Übersicht bewerben.

Die Handlungsaufträge dienen als möglicher Leitfaden für die Projektarbeit. Aufgrund der Komplexität des Antwortspektrums wird hier auf die Angabe von Lösungen verzichtet.

1 Erstellen Sie eine kleine Präsentation hinsichtlich der Produktion von Winterweizen in Ihrem Betrieb.

2 Entwerfen Sie ein ansprechendes Plakat mit dem Thema „Vom Saatkorn bis zum Brot".

3 Erarbeiten Sie eine Positiv-Checkliste in Bezug auf Kulturmaßnahmen (inkl. Pflanzenschutz) für die Getreideproduktion auf Ihrem Betrieb. (Es sollte kurz und knapp auf einen begründeten Pflanzenschutzeinsatz eingegangen werden.)

Projektablauf	
Informieren:	Möglichkeiten der Diversifizierung erfassen
Planen:	Fachgespräch mit Metzger bzw. Müller planen; Sachargumente vorbereiten
Durchführen:	Erstellen der Handlungsprodukte (arbeitsteilig) **a** Erstellung der Präsentation „Unser Winterweizen – regional produziert" **b** Erstellung eines Plakates „Vom Saatkorn bis zum Brot" **c** Erarbeitung der Positiv-Checkliste in Bezug auf Kulturmaßnahmen inkl. Pflanzenschutz
Bewerten/Reflektieren:	Die erstellten Handlungsprodukte werden in der Klasse präsentiert und ggf. am Ausbildungsbetrieb überprüft.

Projektablauf

Informieren:

Planen:

Durchführen:

Bewerten/Reflektieren:

2 Tierische Erzeugung

2.1 Tiere und Tierverhalten kennenlernen und deuten

Handlungsfeld **2.1**

Tiere und Tierverhalten kennenlernen und deuten

Lernsituation 2.1.1 Tiere im Betrieb beobachten
Tierverhalten (Fress-, Lokomotions-, Spiel-, Komfort-, Erkundungsverhalten), Tierwohl, Tierschutz

Lernsituation 2.1.1 Tiere im Betrieb beobachten

Situation

Am „Tag des offenen Hofes" kommen Sie mit einer Besucherin ins Gespräch. Diese beschwert sich über die Kälber in ihren Iglus: „Die Tiere können sich ja gar nicht so verhalten wie ihre wild lebenden Verwandten! Diese Nutztierhaltung ist überhaupt nicht artgerecht!"
In der folgenden Woche diskutieren Sie diese Begegnung in der Klasse. Ihr Klassenlehrer meint: „Nutz- und Wildtiere sind zwar miteinander verwandt, haben sich jedoch durch die Domestikation stark abweichend entwickelt."

1 Recherchieren Sie die Stammformen der folgenden Nutztierarten: Hausrind, Hausschwein, Hausschaf, Hausziege, Haushuhn, Pute, Hausgans, Hausente und Stallhase.

Tabelle 1: Stammformen von Nutztieren

Nutztierart	Stammform
Schaf	
Schwein	
Gans	
Ziege	
Hausente	
Rind	
Huhn	
Pute	
Hauskaninchen/Stallhase	

2 Vergleichen Sie, inwieweit sich das Hausschwein von seinen wilden Vorfahren unterscheidet.

Tabelle 1: Vergleich Hausschwein zu Wildschwein

	 Abbildung 1: Domestiziertes Hausschwein	 Abbildung 2: Wildschwein
Farben		
Behaarung		
Körperbau		
Wesen		

Fazit:

3 Nehmen Sie zu folgender Aussage hinsichtlich der Wolf-Problematik Stellung:

„Das die Nutztiere heute vor dem Wolf nicht mehr weglaufen, hat damit zu tun, dass ihr die Tiere domestiziert habt!"

4 Vergleichen Sie Verhaltensweisen von Schweinen und Kühen mit denen ihrer (wilden) Vettern. Nehmen sie die jeweiligen Tabellen zu Hilfe.

a Schweine

Tabelle 1: Verhaltensweisen Schwein

Verhalten	von Wildschweinen im Tagesablauf	von Hausschweinen im Tagesablauf	von Hausschweinen mit Beschäftigungsmöglichkeit im Tagesablauf
Fressverhalten (Nahrungsaufnahme, Trinken usw.)	10 %	10 %	10 %
Lokomotionsverhalten (Laufen, Gehen, Rennen usw.)	15 %	7 %	3 %
Spielverhalten	2,5 %	0,3 %	1 %
Komfortverhalten (Scheuern, Wälzen, Schlafen, Ruhen)	2 %	2 %	2 %
Liegen	0 %	68 %	58 %
Erkundungsverhalten	30 %	10 %	20 %
Sozialverhalten	30 %	2 %	5 %
Sexualverhalten	0,5 %	0,1 %	0,1 %

b Kühe

Tabelle 1: Verhaltensweisen Kuh

Verhalten	von Milchkühen in Freilandhaltung im Tagesablauf	von Milchkühen in Stallhaltung im Tagesablauf
Fressverhalten (Nahrungsaufnahme, Trinken, Wiederkäuen usw.)	80 %	50 %
Ruheverhalten (Liegen, Schlafen usw.)	10 %	10 %
Stehen	1 %	15 %
Lokomotionsverhalten (Laufen, Gehen, Rennen usw.)	5 %	10 %
Spielverhalten	4 %	15 %
Komfortverhalten		
Sozialverhalten		
Sexualverhalten		
Sonstiges		

5 Erfassen Sie das Verhalten einer Nutztierart (Kuh oder Schwein) mithilfe einer der folgenden Tabellen. Begeben Sie sich hierfür in den Stall, suchen Sie sich ein Tier bzw. eine Tiergruppe aus und beobachten dieses/diese über einen Tag zu verschiedenen Tageszeiten (jeweils ca. 15 Minuten). Je länger Sie den Beobachtungszeitraum wählen, desto aussagekräftiger werden Ihre Ergebnisse. Verhalten Sie sich während der Beobachtung ruhig und unauffällig.

Tipp: Verwenden Sie die Arbeitsblattvorlage „Tierbeobachtungsbogen" (S. 232)

Tabelle 1: Verhalten Schwein

Verhaltensrepertoire von Schweinen	Beobachtet	Anteil in %
Fressverhalten (Nahrungsaufnahme, Trinken usw.)		
Lokomotionsverhalten (Laufen, Gehen, Rennen usw.)		
Spielverhalten		
Komfortverhalten (Scheuern, Wälzen, Suhlen, Schlafen, Ruhen)		
Erkundungsverhalten (Neugierde, Explorationsverhalten)		
Sozialverhalten		
Sexualverhalten		

Tabelle 2: Verhalten Rind

Verhaltensrepertoire von Rindern	Beobachtet	Anteil in %
Fressverhalten (Nahrungsaufnahme, Trinken, Wiederkäuen usw.)		
Ruheverhalten (Liegen, Schlafen usw.)		
Stehen		
Lokomotionsverhalten (Laufen, Gehen, Rennen usw.)		
Spielverhalten		
Komfortverhalten (Kratzen, Lecken, Suhlen, Bürsten, Scheuern)		
Sozialverhalten		
Sexualverhalten		

6 Vergleichen Sie Ihre Ergebnisse mit den prozentual durchschnittlichen Angaben aus **Aufgabe 4** (siehe S. 102). Finden Sie mögliche Erklärungen für abweichende Werte und machen Sie praktische Lösungsvorschläge.

7 Erklären Sie die Unterschiede zwischen Rind und Schwein in Bezug auf das Verhaltensrepertoire (siehe Tabellen auf S. 102 f.).

8 Rechnen Sie die Prozentzahlen aus den Tabellen 1 und 2 (S. 102 f.) in Minuten oder Stunden pro Tag um.

Tabelle 1: Dauer Verhalten Schwein

Verhalten	von Wildschweinen im Tagesablauf	von Hausschweinen im Tagesablauf	von Hausschweinen mit Beschäftigungsmöglichkeit im Tagesablauf
Fressverhalten (Nahrungsaufnahme, Trinken usw.)			
Lokomotionsverhalten (Laufen, Gehen, Rennen usw.)			
Spielverhalten			
Komfortverhalten (Scheuern, Wälzen, Schlafen, Ruhen)			
Liegen			
Erkundungsverhalten			
Sozialverhalten			
Sexualverhalten			

Tabelle 2: Dauer Verhalten Rind

Verhalten	von Milchkühen in Freilandhaltung im Tagesablauf	von Milchkühen in Stallhaltung im Tagesablauf
Fressverhalten (Nahrungsaufnahme, Trinken, Wiederkäuen usw.)		
Ruheverhalten (Liegen, Schlafen usw.)		
Stehen		
Lokomotionsverhalten (Laufen, Gehen, Rennen usw.)		
Spielverhalten		
Komfortverhalten		
Sozialverhalten		
Sexualverhalten		
Sonstiges		

9 Beurteilen Sie anhand der Zahlen aus **Aufgabe 8**, wie wahrscheinlich es ist, dass Spaziergänger diese Verhaltensweisen beobachten können.

10 Bauer Huber moniert, dass die „Städter" heute zu wenig Kontakt mit Nutztieren hätten und scheinbar jeder eine eigene Meinung hat – gerade dann, wenn es um das Thema „Artgerechtigkeit" geht. Gleichzeitig wollten sie aber günstige Lebensmittel von hoher Qualität.

Definieren Sie den Begriff „artgerechte Tierhaltung" mithilfe der Stichwörter im Wortkasten.

natürliche Lebensbedingungen ■ angeborene Verhaltensweisen ■ Massentierhaltung ■ artspezifische Bedürfnisse

11 Neben der „artgerechten Tierhaltung" nehmen die Begriffe „Tierwohl" und „Tierschutz" in der gesellschaftlichen Diskussion immer mehr Raum ein. Die Bedeutung dieser Begrifflichkeiten ist jedoch für Verbraucher oft schwer abgrenzbar.

a Grenzen Sie in der unten stehenden Tabelle diese Begriffe fachlich korrekt voneinander ab.

Tabelle 1: Unterscheidung Tierwohl und Tierschutz

Tierwohl	Tierschutz

b Recherchieren Sie, welche staatliche oder europäische Förderung es derzeit für landwirtschaftliche Betriebe zur Umsetzung von Tierwohlmaßnahmen gibt.

____

____

____

____

____

____

c Entwerfen Sie mit Ihrer Klasse Rollenkarten für ein Rollenspiel zum Thema Tierwohl. Das Rollenspiel soll sachlich durchgeführt werden. Es gibt folgende Rollen:

Bewirtschaftet einen Biobetrieb mit Schulbauernhof. Gehalten wird eine kleine Anzahl an Nutztieren, überwiegend für pädagogische Zwecke sowie den Eigenbedarf.

Versteht das ganze Gerede um das angestrebte Verbot der Anbindehaltung nicht. So werden rangniedere Kühe nicht von den Ranghohen getrieben, Abnutzungen an den Gelenken sind geringer, die Tiere kennen das Handling durch den Menschen besser, haben immer Zugang zu Futter und Wasser sowie Liegemöglichkeiten.

Rolle „Tierrechtler"

Rolle „Öklolandwirt"

Rolle „konventioneller Landwirt"

Rolle „Verbraucher"

Vertritt die Meinung, dass Tiere die gleichen Rechte wie Menschen haben und daher nicht vom Menschen genutzt werden dürfen. (Veganer, Vegetarier, …)

Will günstige Lebensmittel einkaufen und möglichst einen „voll gedeckten" Tisch vorfinden.

Ablauf der Diskussion:

Start-These „Der Fleischkonsum sollte stark reduziert werden, um artgerechte Haltungsbedingungen für Tiere gewährleisten zu können."

Vorbereitung:

- Vorkenntnisse aus Sicht der Rollen sammeln
- Eigene Erfahrungen einbringen
- Informationen kritisch hinterfragen
- Persönliche Interessen miteinbeziehen
- Argumentationen der Rollenspielteilnehmer miteinbeziehen

Regeln während der Diskussion:

- Zuhören, nicht unterbrechen
- Argumente höflich und sachlich austauschen
- Während der Diskussion Notizen machen, um Gegenargument(e) vorzubereiten

Stoffsammlung:

12 Beurteilen Sie, ob es sich bei den nachstehenden Kennzeichen für Tierwohl um ausstattungs- oder haltungsbezogene oder um tierbezogene Tierwohlindikatoren handelt. Tragen Sie die Kennzeichen in die entsprechende Spalte der Tabelle ein (Doppelnennungen sind möglich).

Luftfeuchte ■ Flächengröße ■ Verhaltensstörungen ■ Bodengestaltung ■ Sauberkeit ■ Handling durch Betreuer ■ Futter ■ Wasser ■ Gesundheit ■ Husten ■ Fruchtbarkeit ■ Sauberkeit ■ Spontanverhalten ■ Verdauungsstörungen ■ Sterblichkeit ■ Body Condition Score (BCS) ■ Verletzungen ■ Sauberkeit ■ Licht ■ Lahmheit ■ Natürliches Verhalten

Tabelle 1: Tierwohlindikatoren

Ausstattungsbezogenen Indikatoren	Haltungsbezogenen Indikatoren	Tierwohlindikatoren

13 Stellen Sie die verschiedenen Vorgaben zur Nutztierhaltung einander gegenüber und vergleichen Sie diese miteinander.

Tabelle 1: Vorgaben der Nutztierhaltung

	Vorgaben zur Nutztierhaltung
Konventionelle Landwirtschaft	
Ökologische Landwirtschaft	
Biologisch-dynamische Landwirtschaft	
Bio-vegane Landwirtschaft	

14 Recherchieren Sie unterschiedliche Systeme und Vorgaben für die Haltung der verschiedenen Tierarten und füllen Sie die Tabelle aus. Tragen Sie ggf. Beispielsysteme ein (z. B. Demeter).

Tabelle 2: Vorgaben zur Tierhaltung

	Gesetzlicher Mindeststandard	EU-Bio	Bio-dynamischer Landbau	Sonstige
Platz pro Kuh im Stall				
Weidegang im Sommer Pflicht?				
Entfernen der Hörner verboten?				
Stallboden teilweise ohne Spalten bei Mastrindern?				
Einstreu mit Stroh vorgeschrieben bei Mastrindern?				

	Gesetzlicher Mindest-standard	EU-Bio	Bio-dynamischer Landbau	Sonstige
Wie viel Platz hat ein 300-kg-Rind im Stall?				
Weidegang im Sommer für Mastrinder Pflicht?				
Obergrenze Hühner pro Stall				
Masthühner pro Quadratmeter				
Mastdauer Hühner				
Auslauf für Hühner verpflichtend?				
Legehennen pro Stall				
Legehennen pro Quadratmeter				
Auslauf im Freien für Legehennen				
Stallboden teilweise ohne Spalten für Mastschweine?				
Einstreu mit Stroh für Mastschweine vorgeschrieben?				
Wie viel Platz hat ein 100-kg-Schwein im Stall?				
Ist Auslauf für Mastschweine Pflicht?				
Wird i.d.R. darauf verzichtet, Schwänze zu kupieren und Zähne abzuschleifen?				

15 Diskutieren Sie die Haltung der Verbaucher zur Gesamtheit der obigen Punkte und bewerten Sie diese aus Sicht des Verbrauchers nach ihrer Wichtigkeit.

16 Nennen Sie die Ihnen bekannten Formen von „Enrichment" (Anreicherung) für Schweine und Kühe.

Tabelle 1: Enrichment für Schweine und Kühe

Schwein	Kuh

2.2 Schweine züchten, ernähren, halten und pflegen

Handlungsfeld 2.2

Schweine züchten, ernähren, halten und pflegen

Lernsituation 2.2.1 Schweine fortpflanzen
Brunst, Besamung, Trächtigkeit, Geburt

Lernsituation 2.2.2 Ferkelflut im Schweinestall
Säugezeit, Aufzuchtstall, Haltung, Fütterung, Gesundheit

Lernsituation 2.2.1 Schweine fortpflanzen

Situation

Ihr Praxisbetrieb hält Sauen zur Erzeugung von Ferkeln für die Schweinemast. Sie haben bereits viele Praxis- oder Ausbildungstage in diesem Betrieb verbracht und die verschiedenen Stallbereiche (Abferkelabteil, Deckzentrum, Wartestall) kennengelernt. Ihr Ausbilder schätzt Ihr Interesse, Ihr Engagement und Ihre Mithilfe. Er überträgt Ihnen die Verantwortung für eine Sauengruppe, vom Einstallen in das Deckzentrum bis zur Geburt der Ferkel. Dazu sagt er: „Sie sind mit den Abläufen in meinem Betrieb vertraut und wissen, was in den jeweiligen Abteilen zu tun ist."

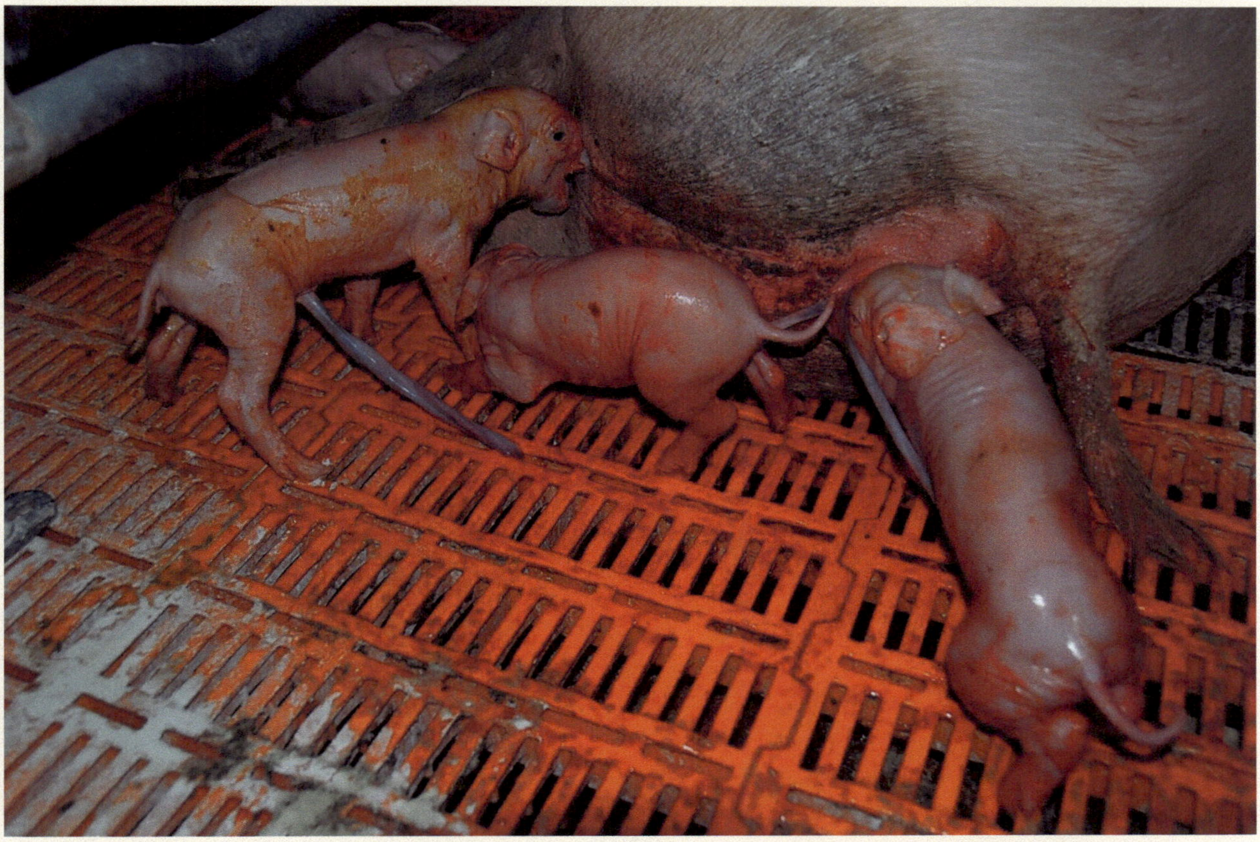

Abbildung 1: Neue Ferkel werden geboren

1 Erstellen Sie eine Aufzählung wichtiger Gesichtspunkte bzw. der einzelnen Arbeitsschritte in den entsprechenden Stallbereichen.

Tabelle 1: Einteilung der Stallbereiche

Stallbereich	Wichtige Gesichtspunkte bzw. Arbeitsschritte von der Geburt bis zur Erstversorgung
Deckzentrum	
Wartestall	
Abferkelabteil	

2 Auf der Suche nach rechtlichen Rahmenbedingungen für die Haltung von Sauen stoßen Sie auf § 26 der Tierschutz-Nutzierhaltungsverordnung (TierSchNutztV). In Abs. 3 heißt es: „Im Aufenthaltsbereich der Schweine sollen folgende Werte nicht dauerhaft überschritten werden: [...] ein Geräuschpegel von 85 db(A)." Sie bringen in Erfahrung, dass dies mit der Lautstärke eines Benzinrasenmähers vergleichbar ist. Recherchieren Sie für die in der Tabelle aufgeführten Begriffe stichpunktartig Vorschriften aus der TierSchNutztV.

Tabelle 2: Vorschriften der TierSchNutztV

Betreuungsperson	
Gruppenhaltung	
Kastenstand	
Lichtverhältnisse	
Technopathien (kranke und verletzte Tiere)	
Bodenbeschaffenheit (hier: für Sauen)	
Hygiene	
Nestbauverhalten	

3 Im Deckzentrum sind Jung- und Altsauen eingestallt.

a Füllen Sie die folgende Tabelle aus.

Tabelle 1: Unterscheidung von Jung- und Altsauen

	Jungsauen	Altsauen
Definition		
Besamungszeitpunkt		

b Erläutern Sie den Begriff „Transportrausche".

4 Der Sexualzyklus wichtiger landwirtschaftlichen Nutztiere wird durch ein komplexes Zusammenspiel von Hormonen gesteuert. Besorgen Sie sich die entsprechenden Informationen und vervollständigen Sie folgende Tabelle.

Tabelle 2: Wirkung von Hormonen beim Schwein

Abkürzung/ Hormon	Bezeichnung	Hauptsächliche Wirkung(en)	Bildungsort
GnRH	Gonadotropin-Releasing-Hormon	Fördert die Bildung weiterer Sexualhormone wie FSH und LH	Gehirn
FSH	Follikelstimulierendes Hormon	Stimuliert das Wachstum und die Reifung von Follikeln im Eierstock	
LH	Luteinisierendes Hormon		
	Brunsthormon		
	Trächtigkeitsschutzhormon		
$PGF_{2\alpha}$			Gebärmutter

5 Die folgende Darstellung skizziert die einzelnen Phasen im Brunstverlauf. Vervollständigen Sie die Tabelle um

a die Anzeichen der Brunst, **b** die Abläufe im Eierstock, **c** die hormonellen Veränderungen.

Tabelle 1: Brunstverlauf Schwein

Stunden	12	24	36	48	60	72	84	96	108	120	132
19. Tag	20. Tag		21. Tag		1. Tag		2. Tag		3. Tag		4. Tag
a	**Vorbrunst**				**Hauptbrunst (Eberduldung)**				**Nachbrunst**		
b	**Abläufe im Eierstock**										
c	**Hormonelle Situation während der Brunst**										
	FSH-Menge:				FSH-Menge:				FSH-Menge:		
	LH-Menge:				LH-Menge:				LH-Menge:		
	Östrogen-Menge:				Östrogen-Menge:				Östrogen-Menge:		
	Progesteron-Menge:				Progesteron-Menge:				Progesteron-Menge:		

6 Verbinden Sie die Aussagen zum optimalen Besamungszeitpunkt mit den zugehörigen Zeiten bzw. mit den zugehörigen Ergänzungen.

Der Eisprung dauert	24 Stunden nach Beginn der Eberduldung
Die Spermien wandern in den Eileiter, wo	~ 30 Minuten.
Die Befruchtungsfähigkeit der Eizellen beträgt	insgesamt 4–6 Stunden.
Die Besamung sollte erfolgen:	dauert es weitere 4–6 Stunden.
Die Eileiterwanderung der Spermien dauert	6–10 Stunden.
Bis zur Befruchtungsreife der Spermien	die Befruchtung stattfindet.

7 Theoretisch liegt der optimale Besamungszeitpunkt bei Eberduldung 24 Stunden nach Duldungsbeginn und beim Stütz-und Reittest acht Stunden nach Duldungsbeginn. Im Sauenbetrieb ist aber niemand Tag und Nacht im Stall und beobachtet das Brunstverhalten der einzelnen Sauen, um den Duldungsbeginn festzustellen. Zudem rauschen nicht alle Sauen gleichzeitig. Teilen Sie – ggf. unter Berücksichtigung der Abläufe in Ihrem Praxis- bzw. Ausbildungsbetrieb – die Sauen entsprechend ihres Brunstbeginns nach dem Absetzen in drei „Rauschetypen“ ein und legen Sie die Besamungstermine fest. Berücksichtigen Sie hierbei auch die jeweilige Rauschedauer.

Vervollständigen Sie hierzu die unten stehende Tabelle.

Tabelle 1: Rauschetypen und Rauschedauer

Duldungsbeginn nach dem Absetzen bei Sucheber-Einsatz	Duldungsdauer	Rauschetyp	Künstliche Besamungen (KBs)	Besamungstermine
3.–4. Tag	mind. 3 Tage		1. KB	
			2. KB	
			3. KB	
5. Tag	2,5 Tage		1. KB	
			2. KB	
6.–7. Tag	max. 2 Tage		1. KB	
			2. KB	

8 Bei der Stimulation der Sauen wird zwischen „allgemeinen“ Stimulationsmaßnamen nach dem Absetzen der Ferkel und „gezielten“ Stimulationsmaßnahmen direkt vor dem Besamen unterschieden.

a Platzieren Sie die Maßnahmen im Wortkasten in die entsprechende Spalte der Tabelle und vervollständigen Sie den Katalog, wenn aus Ihrer Sicht noch Stimulationsmaßnahmen fehlen.

Sucheber (Schnauzenkontakt) ■ Sauendusche ■ (Eigenes) Knie in die Flanke der Sau drücken ■ Milchdruck durch das Absetzen ■ Gruppenhaltung mit Auslauf (Arena) ■ Rückendruck ■ Gesäuge streicheln ■ Dosierter/Vorübergehender Eberkontakt ■ Flushing-Fütterung ■ Flankengriff ■ Brunstinduktion ■ Eberspray ■ Besamungsbügel aufstecken ■ Lichtprogramme anwenden (12–14 Stunden täglich, mind. 300 Lux, 60–80 cm über dem Kopf der Sau)

Tabelle 1: Stimulationsmaßnahmen der Sau

„Allgemeine“ Stimulationsmaßnahmen nach dem Absetzen	„Gezielte“ Stimulationsmaßnahmen direkt vor dem Besamen

b Nennen Sie Wirkungen, welche diese beiden Maßnahmenpakete zur Folge haben.

Tabelle 2: Wirkungen der Maßnahmen

„Allgemeine“ Stimulationsmaßnahmen nach dem Absetzen	„Gezielte“ Stimulationsmaßnahmen direkt vor dem Besamen

9 Im Zusammenhang mit der Sauenbesamung wird häufig der Begriff „Ovulations- oder Besamungspeak“ genannt.

a Finden Sie heraus, was es hiermit auf sich hat und welche Bedeutung dieser Peak für die Ferkelzahl hat.

b Im Eberlaufgang im Deckzentrum befinden sich nach 5–6 Sauen Absperrtüren. Gibt es eine Beziehung zwischen dem Besamungspeak und diesem Sachverhalt?

10 Das Foto zeigt eine Samentube mit Etikett. Ergänzen Sie die darunter aufgeführten Erklärungen zu den Bezeichnungen, Zahlen oder Abkürzungen:

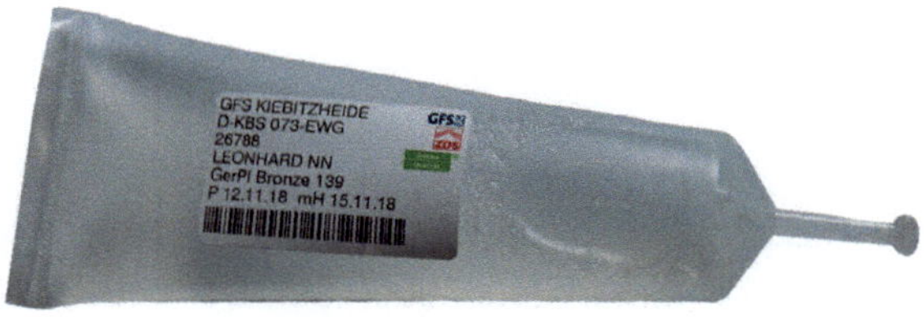

Abbildung 1: Samentube

GFS Kiebitzheide:

Leonhard:

NN:

GerPi:

Bronze:

139:

P: 12.11.18:

mH: 15.11.18:

11 Sie sollen Samenportionen bei der für Ihren Betrieb zuständigen Besamungsstation bestellen. Die Besamung beginnt am Dienstag und endet bei den letzten Sauen am Freitagvormittag. Pro Sau werden 2,4 Tuben eingesetzt.

a Berechnen Sie die Anzahl der Besamungstuben bei 60 zu belegenden Sauen.

b Nennen und begründen Sie den Bestell- und den Lieferzeitpunkt der Samentuben.

c Berechnen Sie die Anzahl der notwendigen Eber, wenn aus einem Ejakulat 35 Tuben hergestellt werden.

d Ermitteln Sie die Anzahl der Lieferungen. Berücksichtigen Sie hierbei die Angaben zu „P" und „mH" auf dem Etikett der in Aufgabe 10 dargestellten Samentube.

____

____

____

____

____

____

12 Ihre Klasse besichtigt den Betrieb eines Ferkelerzeugers. Den Schülern fallen im Deckzentrum unterschiedlich markierte Sauen auf. Der Betriebsleiter erklärt daraufhin sein Markierungssystem:

„Die Markierung erfolgt auf der Schinkenpartie. Für den 4. bis 7. Tag nach dem Absetzen wird täglich eine andere Farbe verwendet, z. B. Grün für den 4. Tag, Rot für den 5., Blau für den 6. und Violett für den 7. Tag. Ein Punkt steht für Duldung. Zwei Punkte bedeuten, dass die Sau zweimal gestanden hat. Sind die Punkte farblich verschieden, dann war die erste Duldung nachmittags und die zweite am folgenden Vormittag. Ein Längsstrich steht für eine Besamung; zwei Längsstriche bedeuten, dass die Sau zweimal besamt wurde. Sind die Striche farblich unterschiedlich, dann war die erste Besamung nachmittags und die zweite am folgenden Vormittag. Ein Querstrich bedeutet, dass die Sau nicht mehr geduldet hat und die Besamung abgeschlossen ist."

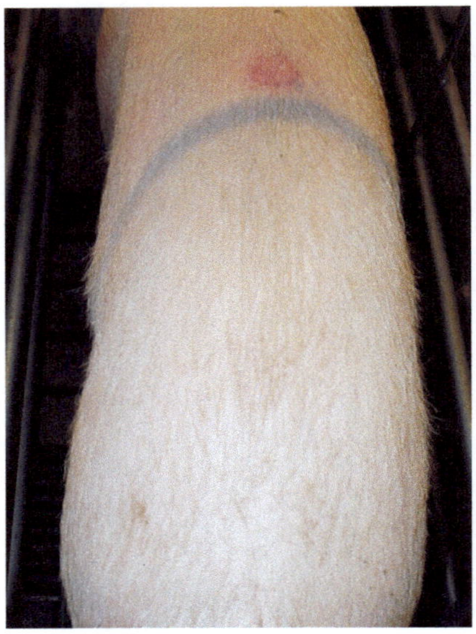

Abbildung 1: Noch nicht belegte Sau im Deckzentrum

Markieren Sie die Sau auf dem Foto entsprechend der Erklärung des Betriebsleiters farbig.

Hierzu stehen Ihnen folgende weitere Informationen zur Verfügung:
Die Sau duldet zum ersten Mal am 4. Tag nach dem Absetzen nachmittags, das zweite Mal am 5. Tag morgens. Besamt wird sie zum ersten Mal am gleichen Tag abends.
Die zweite Besamung erfolgt am 6. Tag morgens.
Abends steht die Sau dann nicht mehr.

13 Nach dem Betriebsbesuch unterhalten sich Kerstin und Christian. Christian sagt: „Wir haben gestern eine Sauengruppe besamt." Kerstin erwidert: „Was heißt wir? Du darfst doch gar nicht besamen!"

Klären Sie den Sachverhalt.

14 Als Vorbereitung für die künstliche Besamung beauftragt Sie Ihr Praxismeister, den Besamungswagen zu bestücken. Bestücken Sie den unten abgebildeten Besamungswagen, indem Sie die richtigen Utensilien in die darunter stehende Tabelle eintragen.

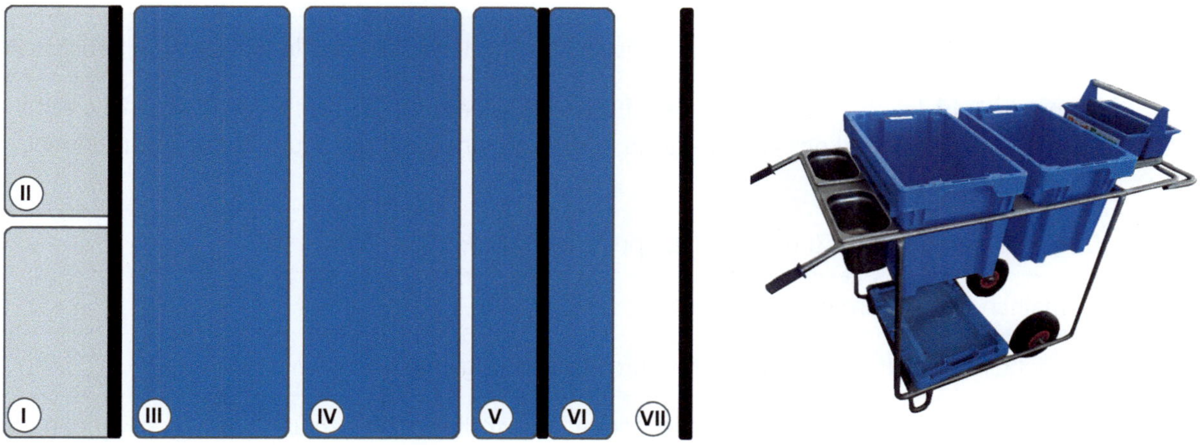

Abbildung 1: Besamungswagen

Tabelle 1: Inhalt des Besamungswagens

I	
II	
III	
IV	
V	
VI	
VII	

15 Nach Überprüfung der Duldungsbereitschaft der Sau erfolgt die Besamung. Bringen Sie die einzelnen Arbeitsschritte in die richtige Reihenfolge.

___	Pipette in einem Winkel von 45° unter leichten Drehbewegungen weiter einführen (Einführen in die Blase vermeiden)
___	Scham auf Ausfluss kontrollieren und mit Einwegpapiertuch säubern (Hygiene)
___	Samentube schwenken (gleichmäßige Verteilung der Spermien)
___	Besamungsbügel aufstecken (Flankendruck durch Vorderbeine des Ebers nachempfinden)
___	Dokumentation
___	Spitze der in Folie eingepackten Pipette bis an den Rand der Schutzhülle schieben (Sollbruchstelle)
___	Wenn die Tube leer ist, noch mindestens fünf Minuten warten (Zurückfließen des Samens verhindern und Gebärmutterkontraktions-Stopp durch Verkrampfung der Sau und damit verbundene Schmerzen verhindern)
___	Durch leichtes Vor- und Zurückschieben prüfen, ob die Pipette richtig sitzt
___	Einmalhandschuhe anziehen (Hygiene)
___	Schutzhülle festhalten und die Pipette durchstoßen (Hygiene)
___	So weit hineinschieben, bis 1–2 „Widerstände" (Muskelkissen/Verschlusskissen) überwunden sind (Rückfluss vermeiden)
___	Samentube öffnen, auf die Pipette stecken und am Besamungsbügel bzw. mittels Klammer am Seil über der Besamungsbucht befestigen (Schwerkraft nutzen)
___	Pipette vorsichtig herausziehen und auf Blut und Eiter kontrollieren (Gebärmuttergesundheit)
___	Schamlippen spreizen und Pipette 10–15 cm tief einführen (Hygiene)
___	Wenn Tube wegen Vakuum „einfällt" → Tube belüften, z. B. mittels einer feinen Nadel ein Loch in die obere Ecke stechen (damit die Samenflüssigkeit durch das Vakuum nicht zurückgehalten wird)
___	Besamungsbügel abnehmen

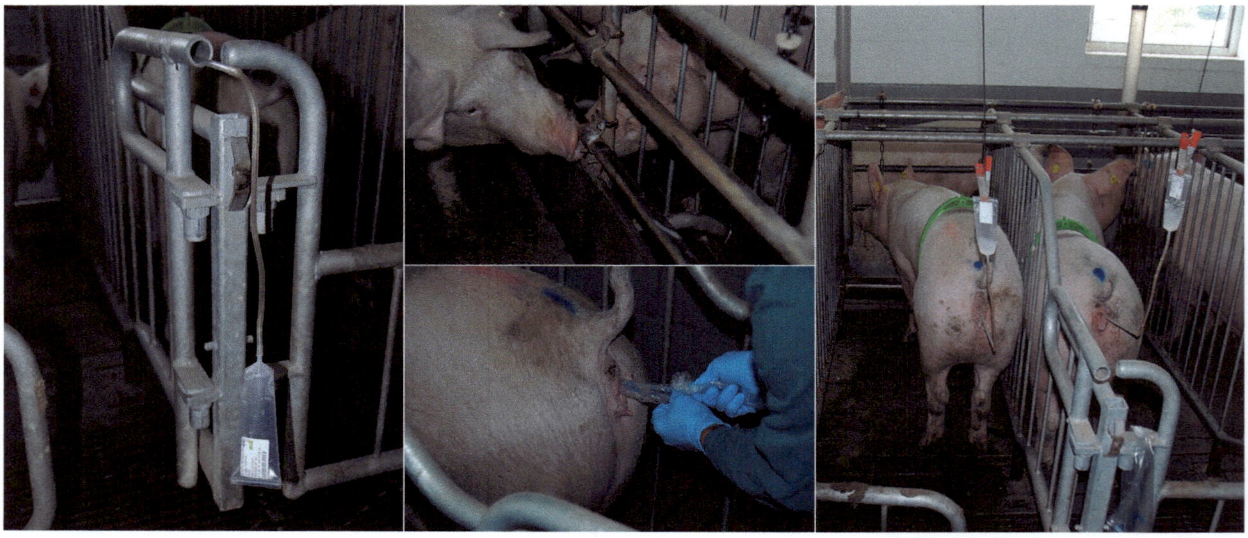

Abbildung 1: Besamung Sau

16 Die Dokumentation ist entscheidend für ein optimales Belegungsmanagement. Welche Daten wurden auf der folgenden Sauenkarte dokumentiert? Ergänzen Sie die Sauenkarte.

Sauenkarte zum Abferkeln

863

Sauen-Nr.:	863	Geburtsdatum:	14.01.2016
Wurfnummer:	6	______________	Monaco 62089
______________	19.05.2018	______________	11.09.2018
______________	08.06.2018	______________	Normalrausche

Abbildung 1: Dokumentation der Besamungsdaten

17 Die erfolgreiche Besamung ist eine wichtige Grundlage für eine wirtschaftliche Ferkelproduktion. Erläutern Sie drei Möglichkeiten, um den Erfolg der Besamung möglichst früh überprüfen zu können.

Tabelle 1: Erfolg der Besamung überprüfen

Möglichkeit der Überprüfung	Zeitpunkt nach der Besamung
______________	______________
______________	______________
______________	______________

18 Die Sau muss während der Trächtigkeit bedarfsgerecht gefüttert werden. Der Energiebedarf steigert sich je nach Trächtigkeitsphase wie folgt: Niedertragende Sauen haben einen Energiebedarf von 36 Energieeinheiten pro Tag, hochtragende Sauen benötigen 44 Energieeinheiten pro Tag.

a Berechnen Sie für die beiden Trächtigkeitsphasen jeweils die täglich erforderliche Futtermenge, wenn 1 kg Futter 12 Energieeinheiten enthält.

b Erläutern Sie die optimale Verteilung dieser Futtermenge über den Tag (eine Gabe, zwei oder mehr Gaben?). Begründen Sie Ihre Antwort.

19 Bevor die eigentliche Geburt der Ferkel ansteht, müssen Vorbereitungsmaßnahmen getroffen werden.

a Nennen Sie in zeitlich richtiger Reihenfolge Vorbereitungsmaßnahmen, welche die Sau betreffen. Begründen Sie diese Maßnahmen. Im Wortkasten finden Sie einige Stichworte zur Hilfestellung.

Gesundheit ▪ Wohlbefinden ▪ Hygiene ▪ Fütterung ▪ Eingewöhnung

b Die Abferkelbucht muss ebenfalls vorbereitet werden. Nennen und begründen Sie notwendige Maßnahmen. Im Wortkasten finden Sie einige Stichworte zur Hilfestellung.

Temperatur ▪ Nestbautrieb ▪ Hygiene ▪ Rutschfestigkeit

20 Der von Ihnen berechnete Abferkeltermin steht unmittelbar bevor. Nennen Sie die Anzeichen der Geburt und ordnen Sie diese dem Zeitstrahl in der richtigen zeitlichen Abfolge zu.

Tabelle 1: Zeitliche Abfolge der Tage vor der Geburt

Tage vor der Geburt			
3	2	1	Geburt
______	______	______	______
______	______	______	______
______	______	______	______
______	______	______	______
______	______	______	______
______	______	______	______

Hinweis: Die zeitliche Zuordnung dient nur der Orientierung und kann tierindividuell unterschiedlich sein.

21 Ergänzen Sie im folgenden Text über den Verlauf der Geburt die fehlenden Begriffe. **Einige** finden Sie im Wortkasten, andere müssen Sie selbst recherchieren.

> 1,4 kg ■ Prostaglandin ■ Ruderbewegungen ■ Blasensprung ■ Gebärmuttermuskulatur ■ 2–5 Stunden ■ Krümmen

Die Wehentätigkeit wird durch das Hormon ________ ausgelöst und aufrechterhalten. Infolge dieser Wehentätigkeit kontrahiert die ________________. Hierdurch wird die Fruchtblase in Richtung der Geburtswege gedrückt und so der Geburtsweg ________. Der ____________ kann entweder in der Gebärmutter oder in der Scheide erfolgen. Der gesamte Geburtsverlauf kann ____________ dauern, wobei die Zeitspanne unter anderem vom Alter der Sau und von der Ferkelzahl abhängt. Je länger die Geburt dauert, desto anstrengender ist es für die Sau einerseits und desto gefährlicher für die Ferkel andererseits.

Der Beginn der ________________ ist an bestimmten Körperbewegungen der Sau zu erkennen. Während der Presswehen führt die Sau ________________ mit den oben liegenden Beinen durch. Die Presswehen werden durch die Bauchmuskulatur unterstützt, was am __________ des Rückens der Sau erkennbar ist. Im Normalfall kommt durchschnittlich alle __________ ein Ferkel zur Welt. Direkt nach der Geburt suchen die Neugeborenen so schnell wie möglich eine Zitze der Sau. Auf dem Weg zum Gesäuge reißt die ___________. Das optimale Geburtsgewicht eines Ferkels liegt bei ______. Nachdem das letzte Ferkel geboren ist, geht in der Regel sofort die __________ ab. Ist der errechnete Geburtstermin der Sau überschritten, kann die Geburt mit einer Gabe des Hormons ____________ künstlich eingeleitet werden. Diese Maßnahme verringert oder verhindert Schwierigkeiten bei der Geburt sowie mögliche Folgeschäden.

22 Im Idealfall läuft die Geburt ohne Komplikationen ab und Sie müssen keine direkte Geburtshilfe leisten. Sie können allerdings geburtsbegleitende Maßnahmen durchführen, welche die natürliche Geburt unterstützen.

Erläutern Sie mindestens fünf dieser möglichen Maßnahmen und ergänzen Sie ggf. weitere.

Tabelle 1: Geburtsbegleitende Maßnahmen bei der Sau

	Maßnahme und Erläuterung
1	
2	
3	
4	
5	
6	
7	

23 Trotz der gerade genannten Maßnahmen ist hin und wieder eine Geburtshilfe erforderlich. Erläutern Sie Ihrem Praxismeister, wie dabei vorzugehen ist. In der Praxis ist es oftmals so, dass bei einer Geburtsstockung zur Vermeidung von Infektionen sofort Oxytocin verabreicht wird. Nehmen Sie zu dieser Aussage Stellung. Verfassen Sie Ihre Erläuterung in vollständigen Sätzen.

24 Nach erfolgreicher Geburt müssen die Ferkel und die Sau weiter versorgt werden.

a Erstellen Sie eine Checkliste mit Maßnahmen zur Erstversorgung der Ferkel in den ersten Lebensstunden. Berücksichtigen Sie hierbei gesetzliche Vorgaben und diskutieren Sie diese in der Klasse. Im Wortkasten finden Sie einige Stichworte zur Hilfestellung.

Biestmilch ▪ Eisen ▪ Nabel ▪ Zähne ▪ Schwanz ▪ Grätscher

Maßnahmen:

Wichtige Informationen aus dem Tierschutzgesetz:

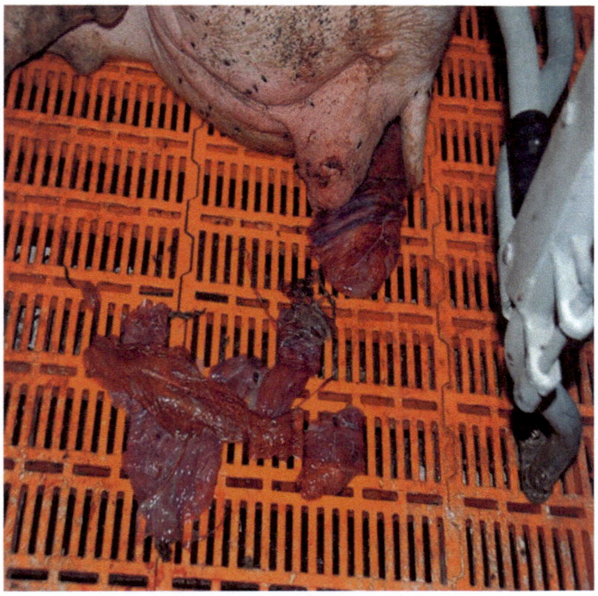

Abbildung 1: Normale Nachgeburt der Sau (Die Fliegen an der Sau weisen ggf. auf eine erhöhte Temperatur hin.)

b Manche Ferkel sind lebensschwach und bekommen zu wenig oder keine Kolostralmilch am Gesäuge der Sau. Damit auch diese Ferkel überleben können, besteht die Möglichkeit, sie zu „drenchen". Beschreiben Sie dieses Vorgehen in vollständigen Sätzen, unter Einbeziehung des Fotos.

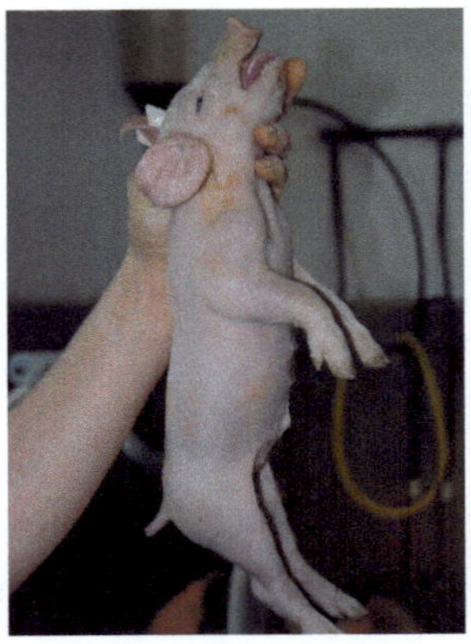
Abbildung 1: Vorbereitung für das „Drenchen"

25 Neben den Ferkeln muss auch die Sau nach der Geburt versorgt werden.
Erstellen Sie eine Checkliste mit mindestens sechs solcher Maßnahmen und ergänzen Sie ggf. weitere.
Im Wortkasten finden Sie einige Stichworte zur Hilfestellung.

Nachgeburt ■ Wasserversorgung ■ Ausscheidungen ■ Tierverhalten

Tabelle 1: Checkliste Sauenversorgung nach der Geburt

1	
2	
3	
4	
5	
6	
7	
8	

26 Eine der wichtigsten Krankheiten von Sauen im Zusammenhang mit der Tragezeit und der Geburt ist MMA.

a Charakterisieren Sie diesen Krankheitskomplex mit typischen Symptomen in der folgenden Tabellenübersicht.

Tabelle 1: Typische Symptome des Krankheitskomplexes MMA

Fachbegriff	Deutsche Übersetzung	Konkrete Anzeichen bei Sau oder Ferkeln
M______		
M______		
A______		

b Neben den oben genannten konkreten Symptomen für diesen Krankheitskomplex gibt es einige weitere Krankheitssymptome der Sau, die nicht sofort auf MMA schließen lassen. Nennen Sie solche Anzeichen.

27 In **Aufgabe 16** haben Sie wichtige Daten zur Besamung dokumentiert.
Nach dem Abferkeln muss die Dokumentation für diese Sau weitergeführt werden. Welche Daten sind anzugeben?

Abbildung 1: Sauenkarte mit Dokumentation von Besamungsdaten und Geburt

Lernsituation 2.2.2 Ferkelflut im Schweinestall

Situation

Eine Sau hat einen Wurf Ferkel geboren. Nachdem die Erstversorgung der Ferkel stattgefunden hat, besprechen Sie mit Ihrem Praxismeister, wie die Tiere bis zum Umstallen in den Maststall oder bis zum Verkauf an den Mäster versorgt werden müssen.

Abbildung 1: Säugende Ferkel

1 Erstellen Sie eine **Mindmap** mit den wichtigsten Punkten, die Sie mit Ihrem Praxismeister besprechen.

2 Sauen und Ferkel haben unterschiedliche Temperaturansprüche.

a Erläutern Sie in ganzen Sätzen, wie dies in einem gemeinsamen Stallabteil gewährleistet werden kann.

b Beschreiben Sie, wie Sie Fehler im Temperaturmanagement im Abferkelstall erkennen können.

Zu niedrige Temperatur im Ferkelnest:

Zu hohe Temperatur im Ferkelnest:

Zu hohe Stalltemperatur (Anzeichen bei der Sau):

3 Ihr Praxismeister betont immer wieder, wie enorm wichtig es ist, dass die Ferkel möglichst schnell ans Gesäuge der Sau kommen, um mit Kolostralmilch versorgt zu werden.

a Erläutern Sie diese Aussage.

b Woran können Sie erkennen, dass Ferkel noch keine Biestmilch aufgenommen haben?

c Wann ist die Gefahr besonders groß, dass Ferkel zu wenig Biestmilch bekommen?

4 Bei einem Wurf, den Sie betreuen, wurden 18 Ferkel geboren. Die Sau hat aber nur 14 funktionsfähige Zitzen. Beschreiben Sie die im Folgenden dargestellten Maßnahmen, um auch die „Verliererferkel" aufzuziehen. Gehen Sie dabei jeweils auf mögliche Probleme und Lösungen ein.

Tabelle 1: Versorgung eines großen Ferkelwurfs

Maßnahme	Beschreibung	Welche Probleme können dabei auftreten?
	Möglichkeiten ab dem ersten Lebenstag	
Biestmilch-versorgung aller Ferkel sicherstellen		
	Möglichkeiten ab dem zweiten Lebenstag	
Wurf-ausgleich		
Natürliche Ammen-Verfahren	**Altsau** **Jungsau**	

5 Nennen und begründen Sie weitere Maßnahmen, die bei allen Ferkeln innerhalb der ersten Wochen durchgeführt werden.

Berücksichtigen Sie hierbei die rechtlichen Vorgaben und den Zeitpunkt der Maßnahmen.

Tabelle 1: Maßnahmen bei neugeborenen Ferkeln

1	
2	
3	
4	

6 In der Ferkelaufzucht werden neben der natürlichen Muttermilch auch andere flüssige und feste Ferkelfuttermittel eingesetzt.

a Ihr Praxismeister beauftragt Sie, sich bei den folgenden Futtermitteln über die jeweiligen Einsatzzeitpunkte, Inhaltsstoffe und Preise zu informieren.

Tabelle 1: Feste und flüssige Ferkelfuttermittel

Futtermittel	Einsatzzeitpunkt	Futterkomponenten/Inhaltsstoffe	Preis[2]
Ferkelmilch			
Prestarter			
Starter/Aufzuchtfutter 1 **Aufzuchtfutter 2** **Vormast-Futter**			

[2] Bei den Preisen gibt es je nach eingesetzten Futterkomponenten sehr starke Bandbreiten.
Die hier angegebenen Preise beziehen sich auf industriell hergestellte, konventionelle Futtermittel und dienen der Orientierung.

b Erläutern Sie den Zusammenhang zwischen Ferkelalter und sinkenden Futtermittelpreisen pro Kilogramm.

c Grundsätzlich sollten feste Futtermittel laut Fütterungsempfehlung der Hersteller „verschnitten" werden. Erklären Sie diesen Sachverhalt praxisgerecht.

d Im Folgenden sind verschiedene Fütterungskonzepte in der Ferkelaufzucht dargestellt. Nennen Sie für die jeweiligen Futtermittel passende Gewichtsbereiche der Ferkel. Diskutieren Sie die verschiedenen Fütterungsvarianten.

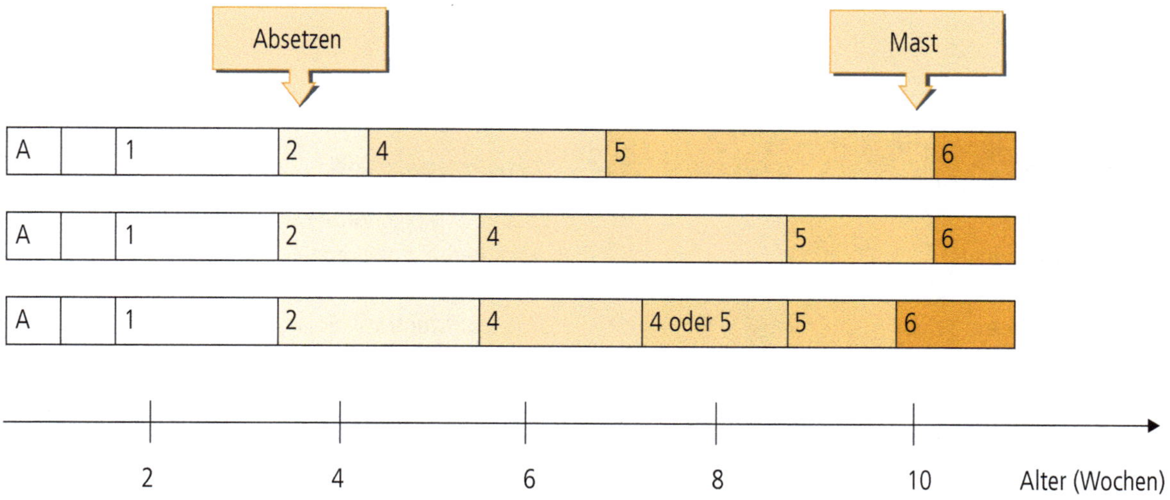

Abbildung 1: Fütterungskonzepte bei Ferkelaufzucht

Tabelle 1: Fütterungskonzepte (Einsatzbereich der Futtermittel von/bis Kilogramm Lebendgewicht)

Futter-mittel-Nr.	Futtermittelart	Lebend-gewicht	Futter-mittel-Nr.	Futtermittelart	Lebend-gewicht
1	Prestarter	______	4	Aufzuchtfutter 1	______
2	Absetzfutter	______	5	Aufzuchtfutter 2	______
3	Diätfutter	______	6	Vormast-Futter	______

Mögliche Gründe für die Auswahl der Varianten:

7 Im Folgenden ist ein „Beipackzettel" eines Alleinfuttermittels für Ferkel bis 20 kg bzw. für ein Alter von 12 Wochen abgebildet.

Ferkel Idealstart

Ferkelaufzuchtfutter I

(Alleinfutter für Ferkel bis 20 kg)

Inhaltsstoffe

18,2 %	MJ/ME
17,25 %	Rohprotein
16,90 %	Rohfett
0,50 %	Rohfaser
4,55 %	Rohasche
1,37 %	Lysin
0,45 %	Methionin
0,65 %	Calcium
0,49 %	Phosphor
0,28 %	Natrium

Ernährungsphysiologische Zusatzstoffe

16.100 I. E. Vitamin A 3a672a, 10.000 I. E. Vitamin D3 E671, 150 mg Vitamin E 3a700 (all-rac-alpha-Tocopherylaceteat), 35 mg Eisen E1 Eisen-Amino-säurechelat Hydrat, 65 mg Eisen E1 Eisen-II-Sulfat Monohydrat, 4 mg Jod E2 Ca-Jodat, wasserfrei, 159 mg Kupfer E4 Kupfer-(II)-Sulfat Pentahydrat, 58 mg Mangan E5 Mangan-(II)-Sulfat Monohydrat, 125 mg Zink E6 Zinkoxid; 0,2 mg Selen E8 Na-Selenit, 0,2 mg Selen 3b8.10 organische Form von Selen, Saccharomyces cerevisiae CNCM I-3060

Technologische Zusatzstoffe

118 mg Buthylhydroxytoluol (BHT)

Sensorische Zusatzstoffe

150 mg Sacchararin-Natrium (E954111)

Darmstabilisatoren

1,25 × 10^9 KBE Bacillus licheniformis (DSM5749) + Bacillus subtilis (DSM5750) im Verhältnis 1:1; Zulassungsnummer: E1700

Zusammensetzung

Bruchreis; Molkenpulver; Weizen; Weizen, druckthermisch behandelt und aufgeschlossen; Gerste; Gerste, aufgeschlossen; Soja(bohnen) proteinkonzentrat[1)]; Sojaextraktionsschrot, dampferhitzt; Pflanzenöl (Kokos), raffiniert; Molkenpulver, teilentzuckert + teilentmineralisiert; Molkenfett-Konzentrat; Pflanzenöl (Soja), raffiniert; Molkenpermeat; Traubenzucker, Blutplasma[2)]; Getreidequellmehl; Dicalciumphosphat[3)]; Natriumchlorid

1) Aus gentechnisch veränderten Sojabohnen hergestellt
2) Enthält Blutprodukte
3) Aus entfetteten Knochen

Fütterungshinweis

Alleinfuttermittel für Ferkel; nur an Ferkel bis zum Alter von 12 Wochen füttern

Hersteller

Firma Musterfutter

Anerkennungsnummer

BRD 00100
QS-ID 5678901234567

Inverkehrbringer

Genossenschaft Muster
QS-ID 345675678901234567

Nettomasse

25 kg

Kennnummer der Partie

siehe Stempel

Fütterungsempfehlung

Ferkel Idealstart kann schon an Saugferkel im Alter von 2–3 Tagen bis zum Absetzen der Ferkel verfüttert werden. Spätestens 7 Tage vor dem Absetzen mit dem Folgefutter verschneiden.

a Ordnen Sie die Inhaltsstoffe den jeweiligen Bereichen der Weender Futtermittelanalyse zu.

Inhaltstoffe:

18,2 % MJ/ME ■ 17,25 % Rohprotein ■ 16,90 % Rohfett ■ 0,50 % Rohfaser ■ 4,55 % Rohasche ■ 1,37 % Lysin ■ 0,45 % Methionin ■ 0,65 % Calcium ■ 0,49 % Phosphor ■ 0,28 % Natrium

Futter

Anorganische Substanz	**Organische Substanz**

b Erklären Sie die Begriffe „technologische Zusatzstoffe" und „sensorische Zusatzstoffe".

Technologische Zusatzstoffe:

Sensorische Zusatzstoffe:

c Tragen Sie die Futterkomponenten (Zusammensetzung) aus dem „Beipackzettel" in der Tabelle in die jeweils passende Spalte ein.

Tabelle 1: Futterkomponenten

Diese Futterkomponenten können vom Ferkel…		
… vollständig aufgeschlossen werden.	… teilweise aufgeschlossen werden.	… nicht aufgeschlossen werden.

d Bei der Zusammensetzung der Futterkomponenten sind drei Komponenten mit Anmerkungen versehen. Erläutern Sie die Auswirkungen dieser Anmerkungen auf die Verwendungsmöglichkeit des Ferkelfutters.

Tabelle 2: Auswirkungen auf die Verwendung des Ferkelfuttermittels

Anmerkung	Auswirkung auf die Verwendungsmöglichkeiten
1) Aus gentechnisch veränderten Sojabohnen hergestellt	
2) Enthält Blutprodukte	
3) Aus entfetteten Knochen	

8 Die durchschnittlichen Ferkelverluste während der Aufzucht sind sehr hoch. In Baden-Württemberg und Nordrhein-Westfalen lagen die Saugferkelverluste in den letzten zehn Jahren durchschnittlich bei etwa 15 %. Zählen Sie hierfür mindestens fünf mögliche (allgemeine) Ursachen auf.

9 Eine Hauptursache für die erwähnten Ferkelverluste sind Durchfallerkrankungen. Bei den Ursachen hierfür kann man zwischen fütterungsbedingten und umweltbedingten Ursachen unterscheiden.

a Ergänzen Sie die folgenden Tabellen mit den passenden Ursachen bzw. den passenden Verbesserungsmöglichkeiten, um Durchfallerkrankungen zu vermeiden.

Tabelle 1: Fütterungsbedingte Durchfälle

Ursache	Verbesserungsmöglichkeit
Sauenmilch hat Mängel (keimhaltig, Fettsäuremuster usw.)	
	Lagerhygiene, Anlagen- und Troghygiene optimieren
	Tränkewasser aufbereiten, regelmäßige Durchflusskontrollen durchführen
Futterkomponenten sind nicht an die Ferkelverdauung angepasst	
	Rechtzeitig auf Mehl umstellen, Futterzuteilung nach Futterkurve, Futtersäuren einsetzen
Abrupte Futterwechsel	
	Biestmilch/Milchversorgung sicherstellen und geeignetes Beifutter einsetzen (mit Prestarter beginnen)

Tabelle 1: Umweltbedingte Durchfälle

Ursache	Verbesserungsmöglichkeit
Haltungsmängel (z. B. Stallklima)	
Hoher Infektionsdruck	
	Richtiger Umgang mit Tieren, anstehende Maßnahmen schonend durchführen

b Eine weitere Ursache für Durchfälle, die vom Tier ausgeht, ist die sogenannte „Immunitätslücke". Erklären Sie diesen Begriff anhand einer grafischen Darstellung. Geben Sie auch hier Möglichkeiten an, um das Durchfallrisiko zu minimieren.

Abbildung 1: Aktive und passive Immunität

Erklärung:

Vorbeugung:

10 In vielen Betrieben kommt es nach dem Absetzen der Ferkel zu Problemen. Einige beklagen Leistungseinbußen, andere berichten von Durchfallerkrankungen mit Todesfolge (Ödemkrankheit) oder von vermehrtem Schwanz- und Ohrenbeißen. Ihr Praxismeister beauftragt Sie, für diese Probleme nach dem Absetzen Ursachen zu ermitteln, Erste-Hilfe-Notfallmaßnahmen zu benennen und Überlegungen zur Vorbeugung anzustellen.

Ursachen:

Erste-Hilfe-Notfallmaßnahmen:

Vorbeugungsmaßnahmen:

11 Um auftretende Krankheiten möglichst schnell behandeln zu können, ist es für jeden Landwirt entscheidend, diese so früh wie möglich zu erkennen.

a Ihr Praxismeister bittet Sie, für den Stall „Spickzettel" mit Ferkelkrankheiten zu erstellen. Diese sollen neben einem Bild die wichtigsten Informationen zu einer Krankheit enthalten. Informieren Sie sich diesbezüglich über die beiden folgenden Krankheiten.

Tabelle 1: Ferkelkrankheiten

Krankheit	Anzeichen	Ursachen	Behandlung und Vorbeugung
Ferkelanämie			
Streptokokken			

b Diskutieren Sie in der Klasse ihr Vorgehen, wenn Sie erkrankte Tiere im Stall bemerken.

c Berechnen Sie den Eisenvorrat (in Milligramm) eines Ferkels bei der Geburt, wenn täglich 0,015 g verbraucht werden und der Vorrat nach 84 Stunden aufgebraucht ist:

12 Im folgenden Wortgitter sind weitere Ferkelkrankheiten sowie deren Anzeichen und Ursachen versteckt (die Begriffe sind waagerecht, senkrecht, vorwärts und rückwärts lesbar). Ordnen Sie die Begriffe in der unten stehenden Tabelle passend zusammen. Geben Sie jeweils eine entsprechende Maßnahme an.

C	V	D	F	L	Z	Y	P	D	J	V	U	I	F	G	L	F	M	E	M	I
L	J	H	G	A	K	W	A	J	Q	H	S	W	E	I	H	S	N	D	S	N
A	L	I	T	I	N	E	G	N	U	M	H	Ä	L	Z	J	M	E	A	C	P
V	U	P	P	M	N	J	W	Q	H	V	N	T	O	J	L	V	I	T	H	B
C	Q	M	N	F	I	E	M	E	P	F	Y	G	H	C	N	Y	R	A	N	I
G	Y	P	B	R	Ü	L	L	H	U	S	T	E	N	Z	R	F	E	N	A	S
C	B	G	N	U	K	N	A	R	K	R	E	S	U	R	I	V	T	S	U	Y
O	D	V	F	P	U	T	I	F	O	Y	N	I	P	E	A	K	K	G	Z	R
I	J	W	H	R	F	I	D	V	K	S	J	F	Q	T	U	R	A	P	E	I
F	X	C	Q	U	H	Q	V	Q	L	L	U	K	V	X	J	O	B	F	N	I
B	L	F	H	W	Z	J	U	B	Q	Q	U	L	T	Q	E	T	A	P	V	U
I	M	Y	K	O	P	L	A	S	M	E	N	B	K	M	S	H	L	P	E	M
H	B	X	H	B	J	Q	J	E	J	Y	T	E	T	O	Z	T	L	Q	R	V
B	I	E	D	W	W	F	M	P	W	E	R	P	B	Y	K	K	E	P	K	C
H	L	K	Y	N	L	O	Y	F	B	D	F	X	I	T	Y	X	R	Y	R	O
F	L	I	M	M	E	R	H	Ä	R	C	H	E	N	M	Q	M	U	V	Ü	H
C	V	J	W	N	E	G	G	A	T	Y	F	M	F	W	V	E	E	Y	M	O
Y	L	F	R	L	E	T	U	X	Z	H	F	X	B	I	U	Y	T	K	M	P
R	Z	N	V	R	V	Z	W	M	R	J	D	J	B	G	N	O	S	A	U	F
P	K	N	L	E	F	F	Ü	N	H	C	S	G	L	W	T	G	A	A	N	I
L	B	J	Q	G	L	O	U	E	U	Y	W	F	F	U	D	F	P	T	G	B

Tabelle 1: Ferkelkrankheiten aus dem Wortgitter

Krankheit	Anzeichen	Ursachen	Behandlung und Vorbeugung

13 Die folgende Abbildung und die Skizze zeigen eine Bewegungsbucht im Abferkelstall.

a Beschreiben Sie die Bau- und Funktionsweise dieser Buchtenform, welche heute für Stallumbauten und Stallneubauten empfohlen wird.

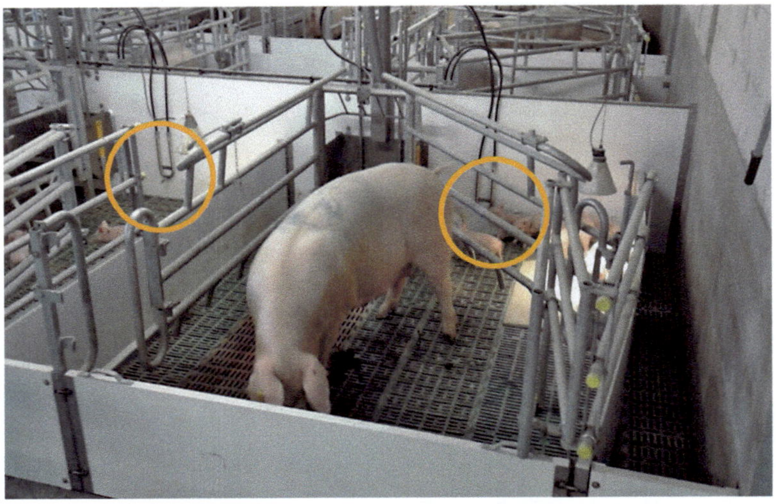

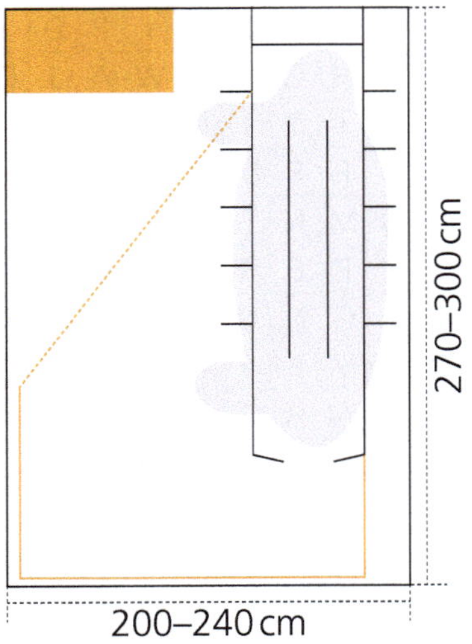

Abbildung 1: Bewegungsbucht (links) und Skizze Bewegungsbucht (rechts)

b Beurteilen Sie die auf dem Foto gezeigte Bewegungsbucht hinsichtlich der Anforderungskriterien an das Tierwohl.

14 Das folgende Foto zeigt einen Blick in eine Aufzuchtbucht mit ursprünglich 20 Ferkeln. Die Tiere verbleiben dort bis zum Umstallen in den Maststall, wenn sie ein Gewicht von etwa 27 kg erreicht haben. Beurteilen Sie, ob diese Bucht den gesetzlichen Anforderungen laut Tierschutz-Nutztierhaltungsverordnung (TierSchNutzV) entspricht.

Abbildung 1: Aufzuchtbucht

Ergänzend zum Foto erhalten Sie folgende Zusatzinformationen:
- Geburtsgewicht der Ferkelgruppe: durchschnittlich 1,2 kg
- Absatzalter: 21 Tage (die jüngsten Ferkel sind 18 Tage alt)
- Tageszunahmen in der Saugferkelphase: 270 g
- Beim Umstallen wurden alle Ferkel in den Mittelgang getrieben und nach Größe sortiert in die Aufzuchtbuchten (2,27 m breit und 3,20 m tief) gesetzt.
- Fütterung ad libitum mittels Breiautomat

Nach § 22 der „Verordnung zum Schutz landwirtschaftlicher Nutztiere und anderer zur Erzeugung tierischer Produkte gehaltener Tiere" (TierSchNutztV) gilt:

Beurteilung Abbildung 1:

Nach § 26 (TierSchNutztV) gilt:

Beurteilung Abbildung 1:

Nach § 27 (TierSchNutztV) gilt:

Beurteilung Abbildung 1:

Nach § 28 (TierSchNutztV) gilt:

Beurteilung Abbildung 1:

15 In einem Praxisbetrieb wurde der Verbrauch an Desinfektionslösung zur Desinfektion eines Ferkelaufzuchtstalles (16 m lang, 9 m breit und 3,4 m hoch) mit insgesamt acht Buchten (4 m × 4 m) ermittelt. Dabei wurden zunächst die Fütterungsautomaten (4,15 m^2 Oberfläche/Automat), anschließend die Seitenwände (Stallwände bis 1,5 m Höhe, Buchtenabtrennungen 1,2 m hoch) und zuletzt die Bodenfläche der Buchten desinfiziert. Als letzter Arbeitsschritt war der Mittelgang (16 m × 0,95 m) mit den Wandbereichen bzw. den Buchtenabtrennungen dran. Ausgebracht wurden 0,4 l Desinfektionslösung/m^2 als Schaum. Der Wasserdurchsatz am Hochdruckreiniger betrug 30 l/Minute, die Konzentrationsvorgabe des Lösungsmittels betrug 1,5 %.

a Berechnen Sie die Gesamtmenge an Desinfektionslösung in Litern.

b Berechnen Sie die Menge an Desinfektionsmittel und die erforderliche Wassermenge.

c Berechnen Sie die Desinfektionsdauer für dieses Abteil.

d Berechnen Sie den Faktor, mit dem die Grundbodenfläche zu multiplizieren ist, um die gesamte Lösungsmenge vorauszuplanen.

e Berechnen Sie den Faktor, wenn die gesamte Wandfläche bis zur Decke (Deckenhöhe 3,40 m) desinfiziert werden soll.

f Berechnen Sie den Faktor, wenn zusätzlich noch die Decke desinfiziert werden soll.

2.3 Rinder züchten, ernähren, halten und pflegen

Handlungsfeld 2.3

Rinder züchten, ernähren, halten und pflegen

Lernsituation 2.3.1 Rinder fortpflanzen
Zucht, Brunstzyklus und -zeichen, Geschlechtsorgane, Besamung, Trächtigkeit, Geburt

Lernsituation 2.3.2 Neues Leben im Rinderstall
Biestmilchperiode, Milchaustauscherphase, Beifütterung, Haltung, Gesundheit, Leistungsdaten

Lernsituation 2.3.1 Rinder fortpflanzen

Situation

Ihr Ausbilder im Praxisbetrieb kennt Sie nun schon gut und ist mit Ihrem Interesse, Ihrem Engagement und Ihrer Mithilfe bislang zufrieden. Er möchte Ihnen jetzt verantwortungsvollere Aufgaben übertragen und vereinbart mit Ihnen, dass Sie an Ihrem wöchentlichen Praxistag zunächst die Tiere im Milchviehstall kontrollieren. Bei einem morgendlichen Kontrollgang im Laufstall fällt Ihnen die Kuh Freya auf, die gerade aus dem Melkstand gekommen ist und sich anders als sonst verhält. Sie ist unruhig, brüllt, stößt andere Kühe und versucht, auf diese aufzuspringen. Darauf angesprochen erwidert der Ausbilder, dass Freya „brünstig" sei. Da er davon ausgeht, dass Sie in der Schule bereits ausgiebig darüber gesprochen habt, sagt er: „Du weißt ja, was das bedeutet und was zu tun ist!"

Abbildung 1: Brunsterkennung bei Kühen

1 Erstellen Sie eine **Mindmap** mit allen Punkten, an die Sie beim Thema Brunst und Besamung denken müssen.

Besamung/ Brunst

2 Bringen Sie die gesammelten Punkte aus der **Mindmap** (aus **Aufgabe 1**) in eine sinnvolle Reihenfolge.

3 Erstellen Sie eine kurze Liste mit Sicherheitshinweisen, die man beim Umgang mit Rindern beachten muss.

4 Ergänzen Sie den Lückentext mithilfe der Begriffe aus dem Wortkasten.

> Unterdrückung ■ erwünschter ■ Zuchtzielen ■ kontrollierte ■ Leistungsprüfungen ■ Mendel'schen Vererbungsregeln ■ Zucht ■ Kreuzung/Paarung ■ Zuchtwertschätzung ■ Eigenschaften ■ Selektion

Als Zucht bezeichnet man die ____________ Fortpflanzung mit einem Ziel, z. B. die Verstärkung ____________ Eigenschaften (z. B. Milchleistung, Leichtkalbigkeit, …) oder die ______________ unerwünschter Eigenschaften (z. B. Schwerkalbigkeit, Krankheitsanfälligkeit, …). Die Festlegung von ___________ erfolgt durch den Züchter oder einen Zuchtverband. Die Eigenschaften eines Tieres werden in ____________________ ermittelt. Die Gewichtung der züchterisch relevanten Merkmale erfolgt durch die ____________________. Nach diesen Ergebnissen erfolgt die _________ der Zuchttiere mit den gewünschten ______________ für die gezielte __________________. Kenntnisse über die ________________________________ sind Grundvoraussetzung für eine erfolgreiche _____.

5 Verbinden Sie die Regeln und die zugehörigen Beschreibungen.

Tabelle 1: Mendel'sche Regeln

1. Mendel'sche Regel	2. Mendel'sche Regel	3. Mendel'sche Regel
Unabhängigkeitsregel	**Uniformitätsregel**	**Spaltungsregel**
Kreuzt man die Mischlinge (F1-Generation) untereinander, so spalten sich die Merkmale der Enkelkinder (F2-Generation) in folgende Verhältnisse auf: 1:2:1 beim intermediären und 3:1 beim dominant-rezessiven Erbgang.	Kreuzt man zwei Elterntiere, die sich in mehreren Merkmalen unterscheiden, so werden die einzelnen Erbanlagen unabhängig voneinander vererbt. Erbanlagen können sich neu kombinieren.	Kreuzt man zwei artgleiche Lebewesen, die verschiedene reinerbige Merkmale (z. B. Blütenfarbe) besitzen, so zeigen alle Nachkommen der F1-Generation dieselbe Blütenfarbe (Phänotyp).

6 Vergleichen Sie den Natursprung mit der künstlichen Besamung und wählen Sie unter Berücksichtigung der betrieblichen Gegebenheiten ein geeignetes Verfahren für Ihren Praktikumsbetrieb aus.

Erörtern Sie die Entscheidung mit Ihrem Ausbilder.

Tabelle 1: Künstliche Besamung vs. Natursprung

Methode	Ablauf	Vorteile	Nachteile
Künstliche Besamung			
Natursprung			

7 Unterscheiden Sie die Begriffe Geschlechtsreife und Zuchtreife beim Rind. Geben Sie notwendige Daten an.

Tabelle 2: Geschlechtsreife/Zuchtreife beim Rind

Geschlechtsreife	Zuchtreife

8 Anatomische Grundkenntnisse sind Voraussetzung für eine erfolgreiche Zucht.

a Beschriften Sie folgende Abbildungen der weiblichen und männlichen Geschlechtsorgane beim Rind.

b Ordnen Sie die Begriffe den Aufgaben in den unten stehenden Tabellen zu.

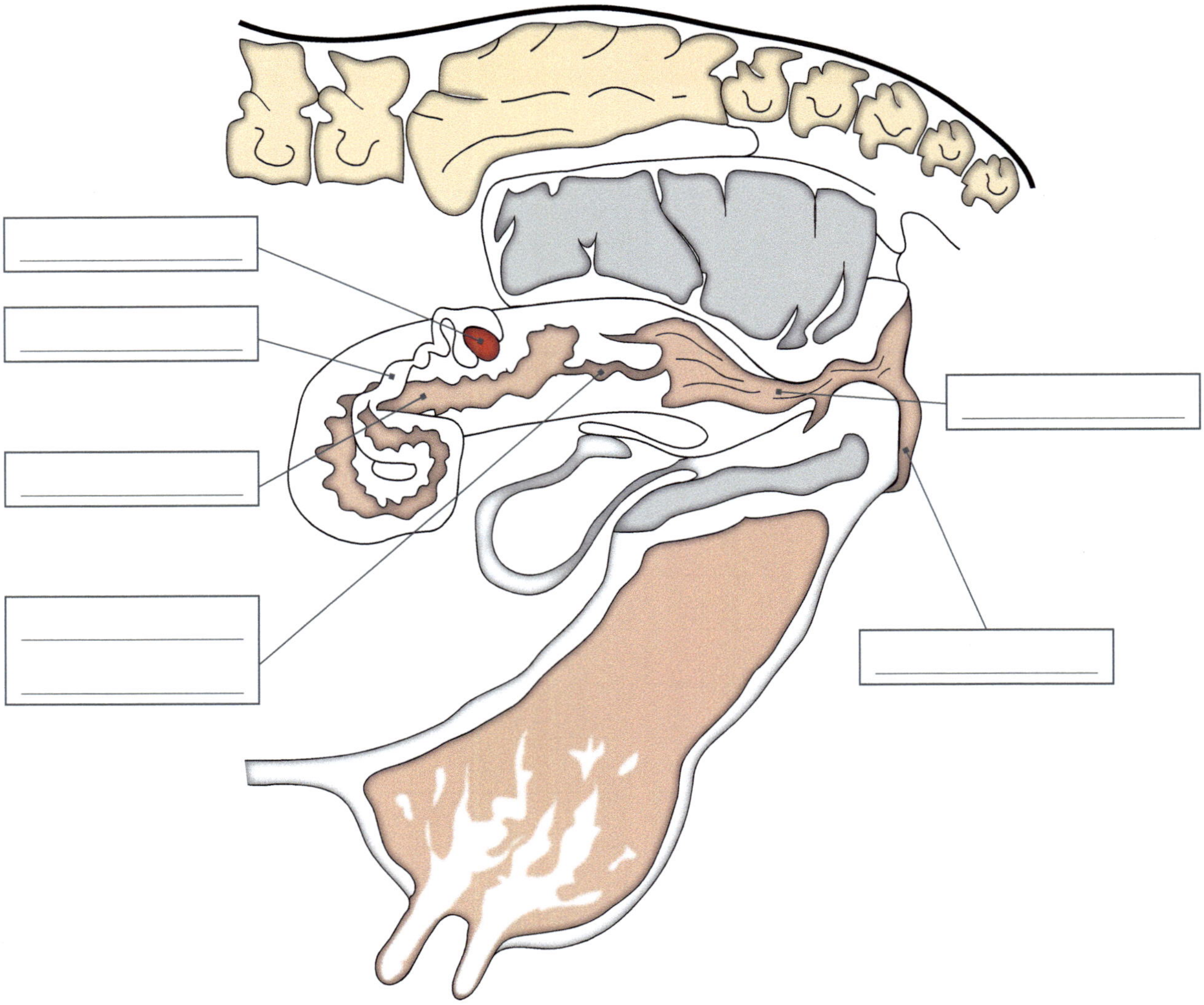

Abbildung 1: Schematische Darstellung der Geschlechtsorgane der Kuh

Tabelle 1: Weibliche Geschlechtsorgane beim Rind

Weibliche Geschlechtsorgane	Aufgaben
	Bildung der Eizellen, Eisprung, Bildung von Hormonen
	Transport der Eizellen, Ort der Befruchtung
	Heranwachsen und Ernährung des Embryos
	Verschluss der Gebärmutter
	Aufnahme des Spermas, saures Milieu tötet Keime ab
	Schutz vor Trockenheit und Keimen

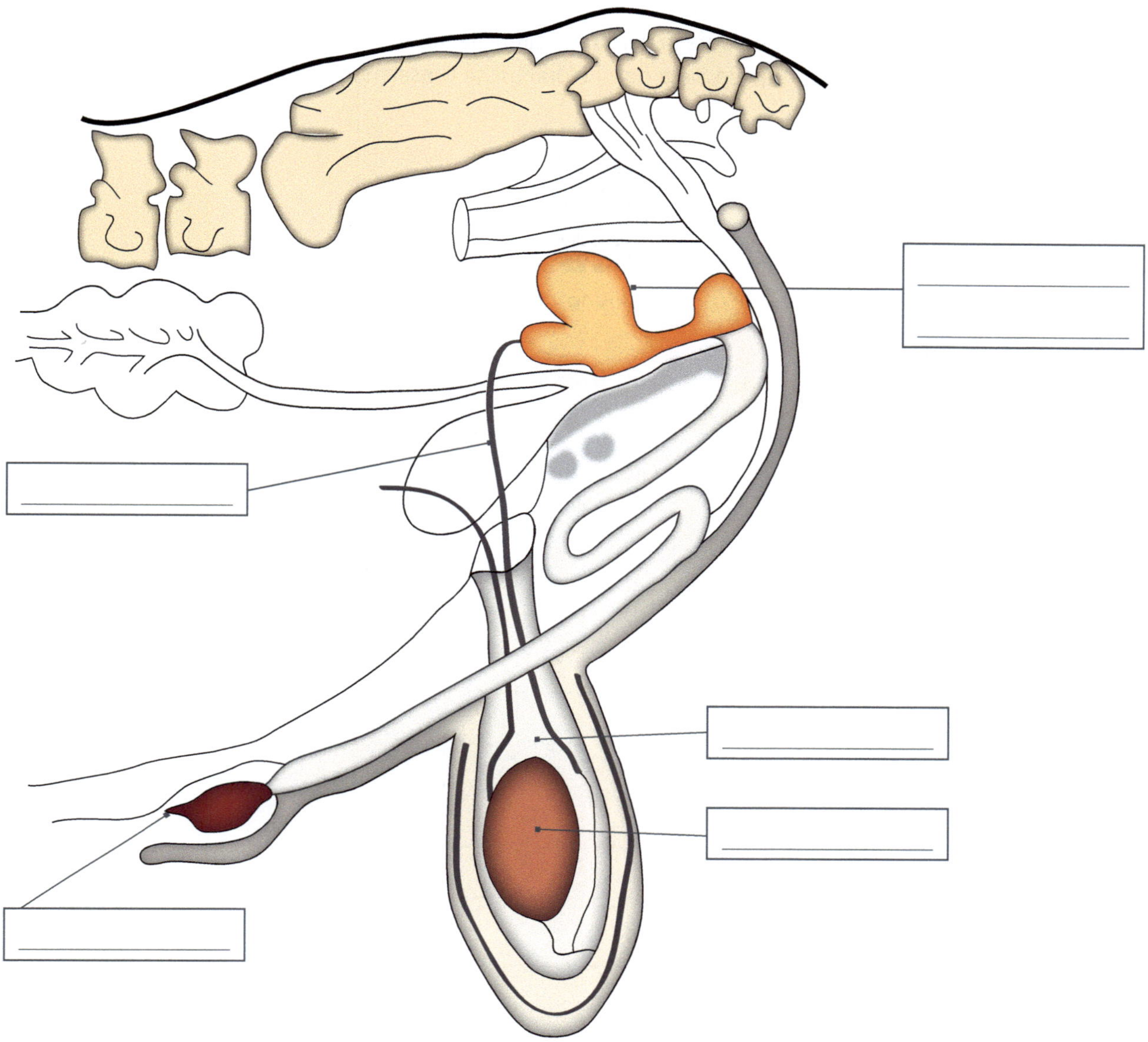

Abbildung 1: Schnitt durch die Geschlechtsteile des Stiers

Tabelle 1: Männliche Geschlechtsorgane beim Rind

Männliche Geschlechtsorgane	Aufgaben
	Bildung der Spermien
	Reifung der Spermien, Erlangung der vollen Beweglichkeit der Spermien, Bildung von Hormonen
	Transport der Spermien
	Bildung von Sekreten für Transport und Ernährung der Spermien
	Begattungsorgan

9 Erläutern Sie Ihrem Ausbilder anhand folgender Tabelle den Ablauf der Brunst. Unterscheiden Sie hierbei sichtbare Kennzeichen und die Abläufe in der Kuh. Leiten Sie aus der Darstellung den optimalen Besamungszeitpunkt ab. Diskutieren Sie mögliche praktische Umsetzungsprobleme und zeigen Sie Lösungsansätze auf.

Führen Sie eine Internetrecherche durch. Verwenden Sie den QR-Code aus Abbildung 1 (kurzer Informationsfilm).

Abbildung 1: QR Code zum Informationsfilm

Tabelle 1: Brunstverhalten

	Vorbrunst	Hauptbrunst	Nachbrunst	Zwischenbrunst
Verhalten/ Brunstzeichen	– Beginn unruhiges Verhalten	– Große Unruhe in der Herde,		
Eierstock				
Dauer				16 Tage
Äußere Brunstsymptome				Die Schamlippen (Vulvae) erscheinen gefältelt.

	Vorbrunst	Hauptbrunst	Nachbrunst	Zwischenbrunst
	↓	↓	↓	↓
Besamung: Ja oder Nein?	______ ______	______ ______	______ ______	______ ______

10 Rund ums Thema Brunst: Bilden Sie aus dem Buchstabensalat die passenden Begriffe und tragen Sie sie in den Lückentext ein.

Gnutsinnie, Tuahmielhcsrettumräbeg,
Gnurednawretielie, Tropsnart,
Nesewebel, Noitamrofnibre, Gnuthcurfeb,
Gnurpsie, Sulkyzstsnurb,
Beirtlauxes, Tsnurb

Die ______ ist das Verhalten, mit dem weibliche Tiere ihre Paarungsbereitschaft anzeigen. Diese wird durch Hormone (z. B. Östrogen) ausgelöst und gesteuert. Durch die Ausschüttung der Hormone beim weiblichen Tier wird der ______ beim männlichen Tier ausgelöst. Der ______ ist der durchschnittliche Zeitabstand von einer Brunst zur nächsten. Beim Rind beträgt er 28 Tage nach dem Abkalben, danach alle 21 Tage. Beim Schwein erfolgt die nächste Brunst 5–7 Tage nach dem Absetzen, dann alle 21 Tage. Der ______ findet 12–24 Stunden (je nach Tierart) nach dem Auftreten des Duldungsreflexes statt. Eine oder mehrere Eizellen (je nach Tierart) verlässt/verlassen den Eierstock. Die ______ findet unmittelbar nach dem Eisprung im Eileiter statt. Der Kern einer Samenzelle dringt in die Eizelle ein und verschmilzt mit deren Kern. Dabei werden mütterliche und väterliche ______ miteinander kombiniert: Ein neues ______ mit individuellen Eigenschaften ist entstanden. Unter ______ versteht man den ______ der befruchteten Eizelle (= Embryo) durch den Eileiter in die Gebärmutter. Bei der ______ wächst der Embryo in die ______ ein und wird über diese mit Nährstoffen versorgt.

11 Beschreiben Sie folgendes Tierdatenblatt und geben Sie allgemeine Empfehlungen zur Bullenauswahl.

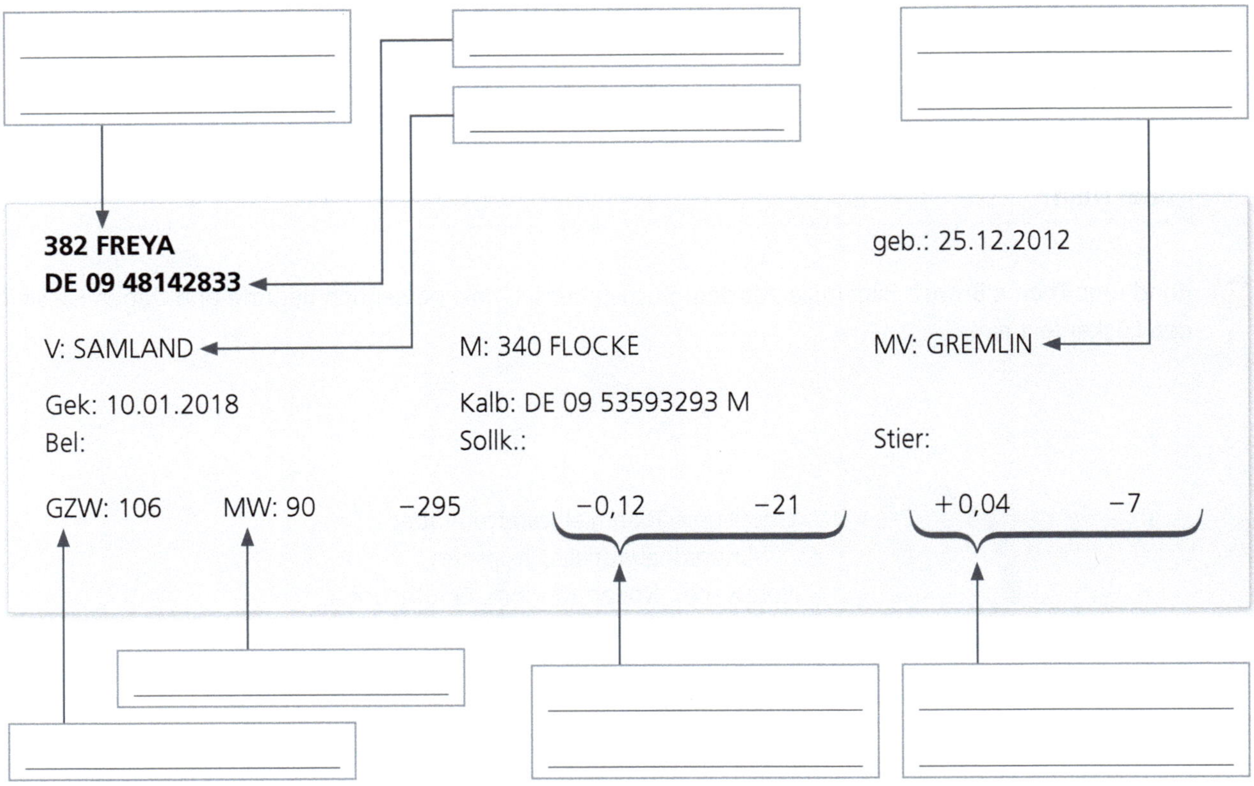

Abbildung 1: Tierdatenblatt

Beschreibung/Empfehlungen:

12 Entscheiden Sie sich für einen der folgenden Bullen und dokumentieren Sie die sich aus der Besamung ergebenden Daten in der unten stehenden Besamungskarte.

TIPP: Verwenden Sie die entsprechende Kopiervorlage auf Seite 233.

Tabelle 1: Auswahl an Bullen

Unsere Auswahl an Bullen												
Name (Herdenbuchnummer)	GZW	MW	FW	F %	E %	MBK	KVp	Fit	R	B	F	E
Zündstoff (10/193578)	121	110	107	−0,32	−0,06	88	98	114	104	103	121	113
Laurenz (10/217954)	126	113	116	−0,17	0,00	97	109	115	97	111	118	97
Turbo (10/215264)	122	121	104	−0,27	−0,1	108	96	101	111	93	106	92

Besamungskarte

Name und Anschrift des Betriebes: ____________________

Betriebsnummer: ____________________

Besamungs-datum	Ohrenmarken-Nr. Kuh/Kalbin	Kenn-Nr. Kuh	Herdenbuchnummer des Bullen	Name des Bullen	Bemerkungen

13 Informieren Sie sich darüber, wie Freya nach der Besamung weiter gehalten und gefüttert wird. Welche weiteren Maßnahmen sind durchzuführen?

14 Erläutern Sie Ihrem Ausbilder verschiedene Verfahren der Trächtigkeitsfeststellung. Wählen Sie unter Beachtung der Gegebenheiten ein für Ihren Ausbildungsbetrieb geeignetes Verfahren aus.

Tabelle 1: Verfahren zur Trächtigkeitsfeststellung

<table>
<tr><th>Verfahren</th><th colspan="3">Funktionsprinzip und Zeitpunkt nach letzter Besamung</th></tr>
<tr><td rowspan="5">Progesteron – Milchtest</td><td colspan="3"></td></tr>
<tr><td>Farbton</td><td>Progesterongehalt</td><td>Ergebnis</td></tr>
<tr><td></td><td></td><td></td></tr>
<tr><td></td><td></td><td></td></tr>
<tr><td></td><td></td><td></td></tr>
<tr><td>Ultraschall-untersuchung</td><td colspan="3"></td></tr>
<tr><td>Tierarzt/ Besamungstechniker</td><td colspan="3"></td></tr>
</table>

Empfehlung:

15 Nicht nur im Fruchtbarkeitsmanagement ist die Tierbeobachtung sehr wichtig. Manche Kuhsignale geben Aufschluss über das Verhalten, den Gesundheitszustand und das Wohl der Tiere. Betrachten Sie die folgende Abbildung einer stehenden Kuh und tragen Sie Auffälligkeiten ein.

Abbildung 1: Kuhbeurteilung

16 Ziehen Sie Schlussfolgerungen aus den beobachteten Kuhsignalen aus **Aufgabe 15** und beschreiben Sie die mögliche weitere Vorgehensweise.

Tabelle 1: Kuhsignale

Kuhsignale	Maßnahmen

17 Die Trockensteherzeit der trächtigen Kuh bezeichnet man umgangssprachlich als „Jahresurlaub". In dieser Phase ist die Betreuungsintensität gleich hoch wie bei den laktierenden Tieren. Notieren und begründen Sie stichpunktartig Unterschiede dieser Phase im Vergleich zur Fütterung und Haltung während der Laktation.

Tabelle 1: Trockensteherzeit

Unterschied zur Laktation	Begründung

18 Die Geburt eines Kalbes verläuft nicht immer reibungslos. Um notfalls eingreifen zu können, ist ein Erkennen der Geburtsanzeichen notwendig. Nennen Sie die äußerlichen Anzeichen einer nahenden Geburt.

19 Lösen Sie das Kreuzworträtsel zum Thema Geburt. Die grau hinterlegten Felder ergeben als Lösungssatz einen guten Ratschlag.

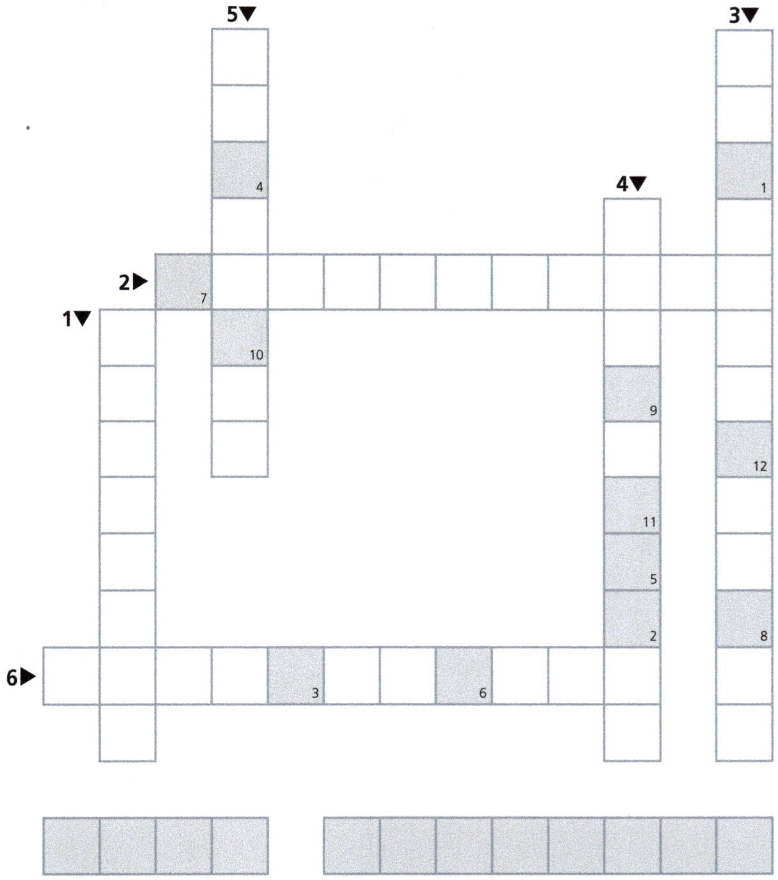

Waagerecht:

2 Dadurch werden die Geburtswege geweitet.

6 Eine mögliche fütterungsbedingte Krankheit der Kuh in den ersten 24 Stunden nach der Geburt.

Senkrecht:

1 Dieses Hormon bewirkt die Wehen.

3 Aus dieser Lage wird das Kalb ohne menschliche Hilfe hinausgepresst.

4 Wird durch die Nachwehen abgestoßen.

5 Ist sofort zu verständigen, falls es Komplikationen gibt.

Lernsituation 2.3.2 Neues Leben im Rinderstall

Situation

Als Sie morgens in den Stall gehen, finden Sie in der Abkalbebox ein gerade erst geborenes Kalb. Sein Fell ist noch nass und die Kuh leckt es ab, um die physiologischen Vorgänge beim Neugeborenen zu aktivieren. Die Geburt verlief absolut komplikationslos, somit war ein aktives Eingreifen in den Geburtsprozess nicht nötig. Da Ihr Ausbildungsbetrieb in der Abkalbebox eine Geburtsüberwachungskamera installiert hat, kann der Geburtsverlauf über die Kameraaufzeichnung nachvollzogen werden.
Nachdem Sie dem Betriebsleiter von Ihrem Fund berichtet haben, sagt er zu Ihnen: „Sie sind für die Aufzucht dieses Kalbes verantwortlich!"

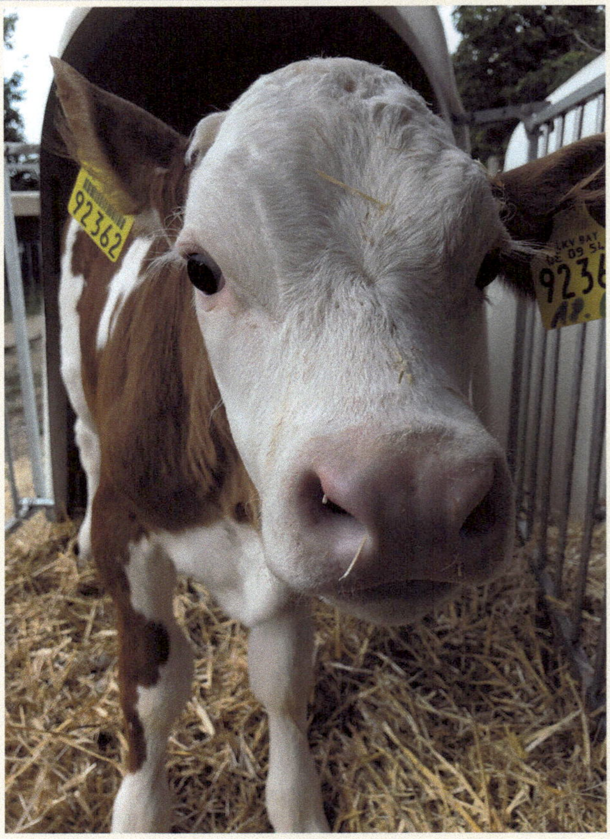

Abbildung 1: Fleckviehkalb

1 Erstellen Sie eine **Mindmap** mit allen Punkten, an die Sie bei der Aufzucht denken müssen.

Aufzucht

2 Ordnen Sie die gesammelten Punkte aus dem **Mindmap** (aus **Aufgabe 1**) anhand der Entwicklungsphasen des Kalbes bis zur Geschlechtsreife, sodass eine Checkliste entsteht.

3 Wenden Sie – wenn möglich – die Checkliste aus **Aufgabe 2** fachgerecht auf Ihren Ausbildungsbetrieb an und besprechen Sie Ihr Ergebnis mit dem Betriebsleiter.

a Begründen Sie Ihre Vorgehensweise.

b Diskutieren Sie abweichende Arbeitsschritte/Vorgehensweisen konstruktiv mit Ihren Klassenkameraden.

Abbildung 1: Kalb im Iglu

4 Erläutern Sie Ihren Mitschülern wesentliche Unterschiede der Biestmilch im Vergleich zur Normalmilch.

5 Laut Gesetz muss dieses Kalb gekennzeichnet werden.

Abbildung 1: Kalb mit Ohrmarken

a Recherchieren Sie hierzu die rechtlichen Vorgaben.

b Tragen Sie auf dem Zeitstrahl ein, welche Tätigkeiten bis zum 7. Lebenstag ausgeführt werden müssen.

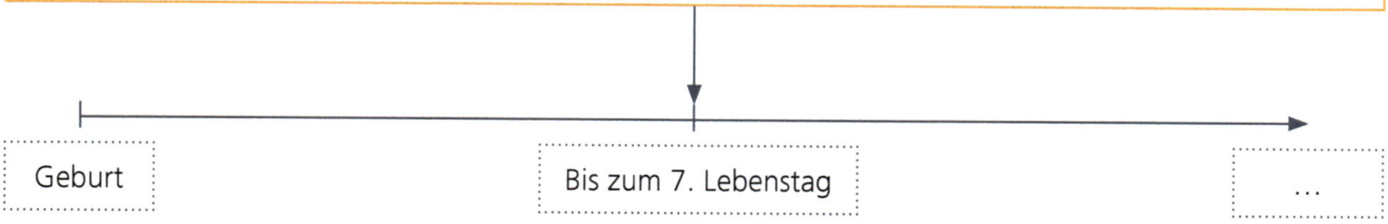

6 Im Klassenraum hören Sie am Dienstagmorgen zufällig folgendes Gespräch zwischen zwei Mitschülern:

Kerstin: „An meinem Praktikumstag letzte Woche wurde ein Kälbchen geboren, um das ich mich den ganzen Tag kümmern durfte. Als ich gestern wieder zum Betrieb fuhr, habe ich mich so auf das süße Kälbchen gefreut. Aber es war nicht mehr da! Der Betriebsleiter hatte es zwischenzeitlich zum Aufzuchtbetrieb gebracht!“

Christian: „Dein Chef durfte das Kalb überhaupt noch nicht transportieren. Es darf erst im Alter von 21 Tagen transportiert werden!“

Überprüfen Sie, ob Christian recht hat.

ÖKO **7** Vergleichen Sie verschiedene Tränke- und Aufzuchtverfahren für Kälber und wägen Sie Vor- und Nachteile ab. Ergänzen Sie um Besonderheiten.

Tabelle 1: Aufzuchtsysteme

Aufzuchtsystem	Vorteile	Nachteile	Besonderheiten (z. B. Öko)
Joghurt-Tränke	– Kostengünstig		
Vollmilch			
Milchaus-tauscher			

Aufzuchtsystem	Vorteile	Nachteile	Besonderheiten (z. B. Öko)
Normale Aufzucht (12 Wochen)			
Frühabsetzen (nach 8 Wochen)			

Bemerkungen:

8 Informieren Sie sich über Preise und Inhaltsstoffe der in Ihrer Region angebotenen Milchaustauscher.

9 Häufig wird zur Aufzucht von Kälbern Milchaustauscher eingesetzt.

+/−= **a** Berechnen Sie die Inhaltsstoffe eines Liters fertig angerührten Milchaustauschers, vergleichen Sie diese mit denen in einem Liter Vollmilch (4 % Fett und 3,5 % Eiweiß) und ziehen Sie Schlussfolgerungen für das Wachstum der Kälber.

Entnehmen Sie hierzu folgender Produktbeschreibung die Eiweiß- und Fettgehalte und gehen Sie von der Mindesteinsatzmenge an Milchpulver aus.

ProfiMilch Total

Milchaustauscher für Kälber aller Rassen, enthält Magermilchpulver, ohne pflanzliche Eiweiße.
GVO: nicht kennzeichnungspflichtig.

Inhaltsstoffe

22,00 % Eiweiß;
0,05 % Rohfaser;
1,00 % Calzium;
1,80 % Lysin;
7,00 % Rohasche;
0,60 % Phosphor;
17,00 % Rohfett;
50,00 % Magermilchpulver;
0,40 % Natrium

Zusatzstoffe

Vitamin A 25.000 I. E.
Vitamin D3 4.000 I. E.
Vitamin E 150 mg
+ Aromastoffe
+ BHT
+ Milchsäurebakterien
+ Emulgator
+ Vitamin C
+ Vitamin-B-Komplex

Weitere Zusätze

Zink, Biotin, Mangan, Pantothensäure, Kupfer, Niacin, Eisen, Selen, Jod

Eigenschaften/Vorteile

Die Rohwaren
→ garantieren eine gute Akzeptanz der Tränke.

Die Milchsäurebakterien
→ stabilisieren die Darmflora und wirken prophylaktisch gegen Durchfall.

Die sonstigen Zusatzstoffe
→ bedürfen keiner weiteren Ergänzung während der Milchphase

Einsatzempfehlung

- Nach der Biestmilchphase für die eigenen Kälber oder für Zukaufkälber
- Rationiert oder als Ad-libitum-Tränke in der intensiven Aufzucht
- Als alleinige Milchtränke oder in einer mehrphasigen Kälberaufzucht
- ProfiMilch Total wird bei rationierter Fütterung mit 38–40 °C vertränkt.
- Bei Ad-libitum-Tränke reichen 20–30 °C.
- ProfiMilch Total löst sich gut bei 45–55 °C auf.
- Konzentration der Milchtränke: 160–180 g pro Liter Wasser (im Winter + 50 g)
- Mindest-MAT-Menge pro Tag:
  - 800 g im Sommer
  - 900 g im Frühjahr und im Herbst
  - 1.000 g bei 5 °C Umgebungstemperatur
  - 1.200 g bei −5°C Umgebungstemperatur
- Intensiv aufgezogene Kälber erhalten in den ersten 3–4 Lebenswochen 10–12 Liter ProfiMilch Total pro Tag und kurzes Stroh/Heu, das Kälberaufzuchtfutter und Wasser sollen den Kälbern immer frisch und immer zur freien Aufnahme zur Verfügung stehen.

Abpackung

25 kg im wasser- und geruchsundurchlässigen Spezialpapiersack, 30 Säcke auf einer Palette

Berechnung:

Schlussfolgerung:

b Berechnen Sie die Kosten pro Liter angerührter Milch und vergleichen Sie diese mit dem aktuellen Verkaufserlös pro Kilogramm Milch. Berücksichtigen Sie hierbei die Mehrwertsteuer.

Mehrwertsteuer für den Verkauf von Milch:	10,7 %
Mehrwertsteuer für den Einkauf von Milchpulver:	7 %
Einkaufspreis ProfiMilch Total:	185 €/dt

c Für den nährstoffmäßigen Austausch von Fett in einem Liter Vollmilch werden 235 g ProfiMilch Total benötigt. Berechnen Sie die Kosten pro Kilogramm angerührtem Milchaustauscher bei Fettausgleich und beurteilen Sie das Ergebnis.

Beurteilung:

10 Folgender Bericht stand in der Lokalpresse. Lesen Sie diesen aufmerksam durch und beurteilen Sie die Verstöße gegen geltendes Recht. Geben Sie dem Betrieb eine Anweisung, wie er richtig hätte handeln müssen.

SKANDAL

Verstoß gegen das Tierschutzgesetz

Bei der routinemäßigen Überprüfung des Bullenmastbetriebes von Landwirt Schmitz durch die Kreisveterinärbehörde wurde folgender Verstoß gegen das Tierschutzgesetz aufgedeckt: Siebzehn der dreißig vor wenigen Tagen zugekauften acht Wochen alten und 85 kg schweren Fleckvieh-Starterkälber wurden vom Landwirt ohne Vorbereitung mit einem Elektrogerät enthornt. Als Grund gab der Landwirt an, dass diesen Kälbern in den Herkunftsbetrieben die Hörner nicht fachmännisch beseitigt worden seien und er nur „korrigiert" habe. Die Tierärzte bemängelten zudem, dass die Wunden noch offen waren und bei vielen der nachbehandelten Kälber eiterten. **Den Landwirt erwartet nun ein Strafverfahren und ein Bußgeld in Höhe von bis zu 5.000,–€.**

11 Recherchieren Sie zum Thema Enthornen.

a Erstellen Sie eine Arbeitsanweisung zum fachgerechten Enthornen mit einem elektrischen Enthornungsstab unter Beachtung der Vorgaben des Tierschutzgesetztes. Informieren Sie sich zudem über Alternativen zu diesem Verfahren.

Alternativen:

b Bereiten Sie ein Kurzreferat über das Enthornen vor.

12 In der vergangenen Woche machte Ihre Klasse samt Lehrkraft einen Ausflug auf Ihren Ausbildungsbetrieb. In der Nachbesprechung entstand eine Diskussion darüber, ob die Kälberboxen ausreichend groß dimensioniert seien und ob nicht alle mit Stroh eingestreut werden müssten. Zudem waren einige Klassenkameraden der Meinung, dass Kälber – wie Ferkel – von Anfang an in Gruppen zu halten seien. Ihre Lehrkraft beauftragt Sie, hier für Klärung zu sorgen.

13 Erstellen Sie einen Tränke- und Aufzuchtplan für ein Kalb bis 140 kg Lebendmasse.

Tabelle 1: Aufzuchtplan Kalb bis 140 kg Lebendmasse

Lebens-woche	Tränkemenge (in Litern)	Beifütterung	Wasserversorgung	Besonderheiten
1				
2				
3				
4				
5				

Lebenswoche	Tränkemenge (in Litern)	Beifütterung	Wasserversorgung	Besonderheiten
6				
7				
8				
9				
10				
11				
12				
Gesamtverbrauch (in Litern/ Kilogramm)				

KK = Kälberkorn
Str. = Stroh
Si. = Silage oder anderes Strukturfutter
MAT = Milchaustauscher

14 Vergleichen Sie Ihren Tränke- und Aufzuchtplan aus **Aufgabe 13** mit den Plänen Ihrer Klassenkameraden. Diskutieren Sie. Im Wortkasten finden Sie einige Stichwörter, die Ihnen bei der Diskussion helfen können.

Dauer der Biestmilchtränke ■ Tränkeart ■ Wasserversorgung ■ Beifütterung (Zeitpunkt, Art)

15 Erstellen Sie eine Arbeitsanleitung für das fachgerechte Anrühren von Milchaustauscher-Tränke und begründen Sie die Arbeitsschritte. Vergleichen Sie Ihre Anleitung mit den Gegebenheiten in Ihrem Ausbildungsbetrieb und diskutieren Sie die Unterschiede mit dem Betriebsleiter.

Tabelle 1: Anrühren von Milchaustauscher

1	
2	
3	
4	
5	
6	
7	
8	
9	

16 In der betrieblichen Zwischenprüfung erhalten Sie den Auftrag, für 15 Kälber die morgendliche Tränkemenge anzurühren. Nach Begutachtung der Tierpässe finden Sie folgende Altersgruppen vor: Drei Kälber sind drei Wochen alt, zwei Kälber sind vier Wochen alt, drei Kälber sind sechs Wochen alt, zwei Kälber sind acht Wochen alt, fünf Kälber sind zwölf Wochen alt. Die zur Berechnung erforderlichen Angaben finden Sie im folgenden Aufzuchtplan. Wie viele Kilogramm Milchpulver und wie viele Liter Wasser werden benötigt?

Tabelle 1: Aufzuchtplan mit ProfiMilch Total (160 g/Liter Wasser)

Lebensalter	Tränke-Empfehlung/Tag	Empfehlung für die Beifütterung (Tagesmengen)
1.–3. Tag	Biestmilch ad libitum + Eisengabe	
1. Woche	8 l/Tag der ad libitum	
2. Woche	10 l/Tag oder ad libitum	Kälberkorn + Kälberstroh (im Verhältnis 80 : 20 bis 85 : 15) ad libitum
3. Woche	10–12 l/Tag oder ad libitum	Kälberkorn + Kälberstroh (im Verhältnis 80 : 20 bis 85 : 15) ad libitum
4. Woche	9 l/Tag	Kälberkorn + Kälberstroh (im Verhältnis 80 : 20 bis 85 : 15) ad libitum
5. Woche	8 l/Tag	Kälberkorn + Kälberstroh (im Verhältnis 80 : 20 bis 85 : 15) ad libitum
6. Woche	7 l/Tag	Kälberkorn + Kälberstroh (im Verhältnis 80 : 20 bis 85 : 15) ad libitum
7. Woche	6 l/Tag	Kälberkorn + Kälberstroh (im Verhältnis 80 : 20 bis 85 : 15) ad libitum
8. Woche	5 l/Tag	Kälberkorn + Kälberstroh (im Verhältnis 80 : 20 bis 85 : 15) ad libitum
9. Woche	4 l/Tag	Kälberkorn + Kälberstroh (im Verhältnis 80 : 20 bis 85 : 15) ad libitum + 1 kg Maissilage
10. Woche	3 l/Tag	Kälberkorn + Kälberstroh (im Verhältnis 80 : 20 bis 85 : 15) ad libitum + 1 kg Maissilage
11. Woche	2 l/Tag	Kälberkorn + Kälberstroh (im Verhältnis 80 : 20 bis 85 : 15) ad libitum + 1 kg Maissilage
12. Woche	1 l/Tag	Kälberkorn + Kälberstroh (im Verhältnis 80 : 20 bis 85 : 15) ad libitum + 1 kg Maissilage
ab 13. Woche		1–2 kg Kälberkorn + Kälberstroh (im Verhältnis 80 : 20 bis 85 : 15) ad libitum + langsame Umstellung von Maissilage + Kälberstroh auf Kuh-TMR mit mind. 6,5 MJ NEL und 160 g XP/kg TM ad libitum

Tränkemenge:

17 Viele Milchpulverhersteller empfehlen, dem Kalb mindestens fünf Wochen lang magermilchpulverhaltigen Milchaustauscher anzurühren. Beurteilen Sie diese Empfehlung.

18 Vergleichen Sie verschiedene Verfahren der Milchvorlage und wählen Sie ein geeignetes aus.

Tabelle 1: Milchvorlagearten

Milchvorlageart	Vorteile	Nachteile
Tränkeeimer		
Nuckeleimer		
Automatentränke		
Milchtaxi		

19 Die Milchverdauung findet anfangs nur im Labmagen statt.

a Beschreiben Sie die folgenden Abbildungen unter Einbeziehung der Verdauungsarbeit.

Tabelle 1: Pansenentwicklung beim Kalb

	1. Phase	2. Phase	3. Phase	4. Phase
	Biestmilch (1. Woche)  **Phase 1:** Labmagen, Pansen	**An- und Beifütterung** (2.–5. Woche)  **Phase 2:** Labmagen, Pansen	**Absetzen** (6.–11. Woche) 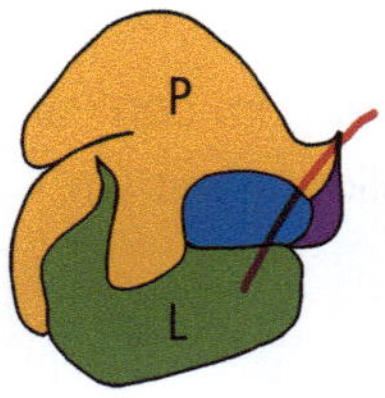 **Phase 3:** Labmagen, Pansen	**Raufutter** (ab 12. Woche) 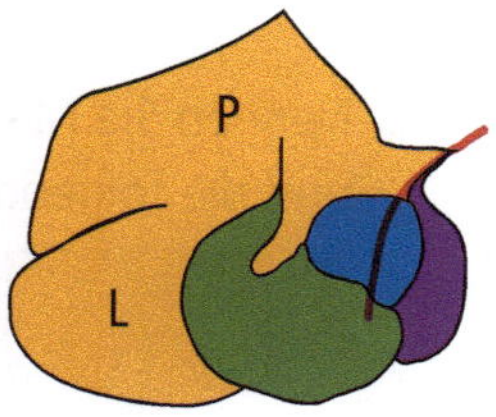 **Phase 4:** Labmagen, Pansen
Anteil in Prozent	Labmagen = ca. 70 % Pansen = ca. 30 %		Pansen = ca. 70 % Labmagen = ca. 30 %	Pansen = ca. 80 % Labmagen = ca. 20 %
Verdauung	**Labmagen (L)**	**Labmagen** (L) und Pansen (P)	**Pansen (P)** und Labmagen (L)	**Pansen (P)**
Ration	**Biestmilch** (ausschließlich)	**Vollmilch und/oder Milchaustauscher** (+ Kraftfutter) (+ Raufutter)	(Milch +) **Kraft-** + Raufutter	**Rau-** + Kraftfutter

Hinweis: Die Darstellung ist gemäß der Grundstufe reduziert zu betrachten. Die rote Linie deutet den Futterweg an.

b Was ist mit den restlichen 10 % Fassungsvermögen beim 4 Monate alten Kalb?

c Nennen Sie Maßnahmen, um den Pansen optimal in Gang zu bringen. Beziehen Sie die Wasserversorgung und die folgende Abbildung mit ein.

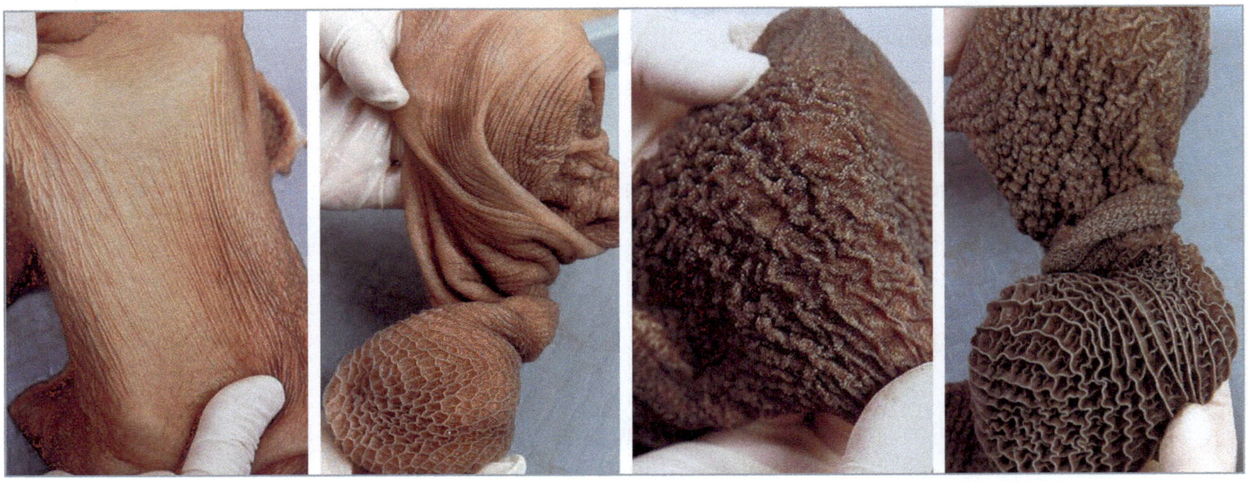

Abbildung 1: Pansenentwicklung (links: Fütterung mit Milch und Heu, rechts: Fütterung mit Milch und Kraftfutter)

Einfluss der Ernährung auf die Pansenentwicklung (Pansenoberfläche eines 6 Wochen alten Kalbes):

20 Vergleichen Sie die abgebildeten „Beipackzettel“ der Kälberkraftfutter.

a Tragen Sie die Erklärungen der verwendeten Zutaten in der mittleren Spalte ein.

Tabelle 1: Vergleich „ProfiMüsli Total“ mit „Kälberkorn“

ProfiMüsli Total Ergänzungsfutter für Aufzuchtkälber		Kälberkorn Ergänzungsfutter für Aufzuchtkälber
Zusammensetzung 23,5 % Mais, aufgeschlossen; 22 % Gerste, aufgeschlossen; 12 % Sojaextraktionsschrot aus geschälter Saat, dampferhitzt; 7 % Apfeltrester; 8 % Luzerne; 5 % Weizennachmehl; 5 % Rapsextraktionsschrot, geschützt; 5 % Zuckerrübenmelasse; 2 % Rapsextraktionsschrot; 4 % Grünmehl; 2 % Karottenflocken; 2 % Leinsamen, extrudiert; 1 % Weizengrießkleie; 0,7 % Calciumcarbonat; 0,6 % Natriumchlorid; 0,2 % Milchalbuminpulver	■ ____________	**Zusammensetzung** Maisschrot; Weizenschrot; Rapsextraktionsschrot; Gerstenschrot; Zuckerrübenmelasseschnitzel, getrocknet; Leinsamen, geschrotet; Maiskleberfutter; Melasse; Calciumcarbonat; Natriumchlorid
Gehalte an Inhaltsstoffen 15 % Rohprotein; 2,5 % Rohfett; 11 % Rohfaser; 5,7 % Rohasche; 0,8 % Calcium; 0,4 % Phosphor; 0,4 % Natrium; 10,8 MJ UE/kg	■ ____________	**Inhaltsstoffe und Gehaltsangaben** 17 % Rohprotein; 11,3 MJ UE; 2,9 % Rohfett; 6 % Rohfaser; 6,8 % Rohasche; 1 % Calcium; 0,5 % Phosphor; 0,3 % Natrium; 0,2 % Magnesium
Zusatzstoffe je kg 25.000 I. E. Vitamin A; 2.500 I. E. Vitamin D 3; 100 mg Vitamin E (Alpha-Tocopherolacetat); 25 mg Kupfer als Kupfer-(II)-sulfat; Pentahydrat	■ ____________	**Zusatzstoffe je kg** 8.500 I. E. Vitamin A; 2.000 I. E. Vitamin D/D3; 100 mg Eisen; 30 mg Zink; 28 mg Vitamin B12; 30 mg Mangan; 22 mg Niacinamid; 8 mg Kupfer; 17 mg Vitamin E; 0,8 mg Jod; 11 mg Calcium-D-Pantothenat; 0,5 mg Selen; 10 mg Vitamin B1; 5 mg Viamin B2; 3 mg Vitamin B6; 1 mg Folsäure; 75 mg Biotin
Mindesthaltbarkeitsdatum Ergänzer einschließlich Vitamine: siehe Sackaufdruck.	■ ____________	**Fütterungshinweise** Dieses Ergänzungsfuttermittel darf bis zu einer Höchstmenge von 2 kg je Tier und Tag ab dem 4. Monat bis zu einem Alter von 1 Jahr verfüttert werden. Ausreichend Strukturfutter zufüttern.
Chargennummer siehe Sackaufdruck		**Mindesthaltbarkeitsdatum** siehe Sackaufdruck
Nettomasse 25 kg		**Chargennummer** siehe Sackaufdruck
Fütterungshinweis Dieses Ergänzungsfuttermittel darf wegen der gegenüber Alleinfutter höheren Gehalte an Spurenelementen nur bis zu 55 % der Tagesration verfüttert werden.		

b Ermitteln Sie den korrekten Mehrwertsteuersatz und berechnen Sie den Preis pro Dezitonne für die beiden Produkte. Begründen Sie den Preisunterschied.

ProfiMüsli Total	Kälberkorn
Netto-Preis: 85 €/dt	Netto- Preis: 53 €/dt

c Geben Sie eine Kaufempfehlung.

21 Vergleichen Sie verschiedene Haltungssysteme. Empfehlen Sie anschließend eines der Systeme.

Abbildung 1: Haltungssysteme für Kälber

Tabelle 1: Vergleich der Haltungssysteme für Kälber

Haltungssystem	Vorteile	Nachteile
Kälberiglu (Einzelhaltung)		
Gruppeniglu		
Mobile Kälberboxen (draußen)		
Kälberboxen in Altgebäuden (Einzelhaltung)		
Gruppenboxen in Altgebäuden		
Eigener Kälberstall (Gruppenhaltung)		

Empfehlung:

22 Um den Gesundheitszustand eines Kalbes beurteilen zu können, müssen Sie auf verschiedene Merkmale achten.

a Tragen Sie neben der Abbildung Merkmale ein, anhand derer Sie ein krankes Kalb erkennen.

Kopf:

Atmung:

Afterbereich:

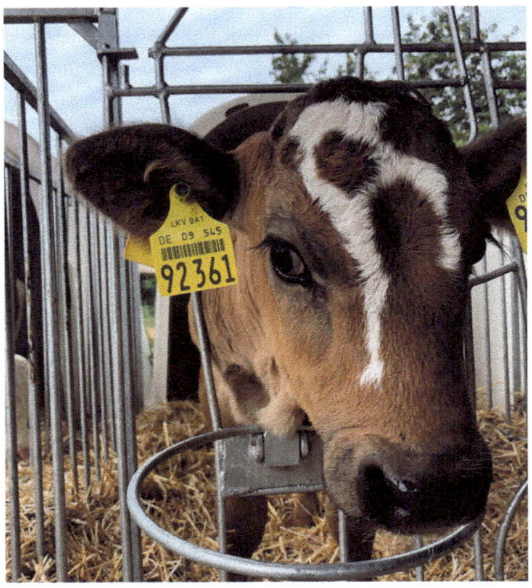

Körpertemperatur:

Bauch:

Nabel:

Gelenke:

Haut:

Abbildung 1: Beurteilung Kalb

b Beschreiben Sie stichpunktartig das Verhalten und die Anzeichen eines gesunden Kalbes.

23 Das Absetzen des Kalbes ist ein notwendiger Vorgang bei der Entwicklung zum Wiederkäuer. Verbinden Sie die korrekten Aussagen miteinander.

Bei altersgleichen Gruppen wird die Milchmenge zurückgefahren bzw. die Milchgabe abrupt beendet. Die Kälber erhalten mehr Beifutter …

… Diese Kälber erhalten mehr Beifutter und werden intensiver beobachtet. Auch sie sind in den ersten Tagen danach unruhiger und blöken viel.

Die Kälber werden abgesetzt, wenn sie ausreichend Rau- und Kraftfutter aufnehmen, …

… und werden intensiver beobachtet. In den ersten Tagen danach sind sie unruhiger und blöken viel.

Bei altersgemischten Gruppen wird bei den betreffenden Kälbern die Milchmenge ebenfalls reduziert. Zum Zeitpunkt des Absetzens werden die Kälber aus der Milchgruppe genommen und entweder zu anderen, bereits abgesetzten Kälbern hinzugestallt, oder eine eigene neue Gruppe wird gebildet. …

… dann ist der Einsatz teurer Futtermittel (Milchaustauscher) nicht mehr erforderlich.

24 Das Kalb wurde in den Rinderbereich umgestallt. Der Kälberiglu und der Platz, auf dem dieser stand, sollen für die nächste Belegung vorbereitet werden. Ihr Ausbilder beauftragt Sie, eine Checkliste über die Vorgehensweise anzufertigen und entsprechend vorzugehen. Unter anderem sollen Sie die erforderliche Desinfektionslösungsmenge berechnen und das Mischungsverhältnis angeben. Folgende Informationen liegen Ihnen vor:

Der abgebildete Kälberiglu hat folgende Maße:
Länge: 2,20 m;
Breite: 1,25 m

Umlaufmaß (von der einen Seite unten über die Spitze bis zur anderen Seite unten): 3,20 m

Rückwand:
Breite: 1,25 m;

Vorderkante links bis zur Spitze:
15 cm breit

Vorderkante rechts bis zur Spitze:
30 cm breit

Abbildung 1: Kälberiglu

Die linke und die rechte Seite des Metallgitters vor dem Iglu sind jeweils 1,50 m lang und 1 m hoch, das vordere Gitter ist 1,25 m breit und ebenfalls 1 m hoch. Der Betrieb setzt ein Desinfektionsmittel mit folgender Auflage ein: Die Temperatur beträgt 20 °C, es soll gegen „parasitäre Würmer" (Wurmeier) desinfiziert werden.

a Entwerfen Sie eine Checkliste für das Desinfizieren von Kälberiglus.

b Berechnen Sie die Desinfektionsmittelmenge und geben Sie das Mischungsverhältnis an.

25 Informieren Sie sich über die Leistungsdaten in der Kälberaufzucht. Recherchieren Sie hierzu in Fachliteratur, bei Behörden, z. B. dem Landwirtschaftsamt/der Landwirtschaftskammer, bei Lehr- und Versuchsanstalten und im Internet. Erstellen Sie eine Übersicht mit Leistungskriterien, Ist- und Sollwerten und beurteilen Sie das Kälberaufzuchtverfahren eines Betriebes.

Tabelle 1: Übersicht und Beurteilung der Leistungsdaten

Leistungskriterium	Istwerte	Sollwerte[3]	Beurteilung[4]
Tägliche Zunahmen			☺ oder ☹
Endgewicht (am 112. Lebenstag)			☺ oder ☹
Kälberverluste			☺ oder ☹

3 Nichtzutreffendes streichen
4 Quelle: Lehrgangsunterlagen 2017/18 des Versuchs- und Bildungszentrums Landwirtschaft Haus Düsse der Landwirtschaftskammer NRW

26 Ermitteln Sie die Direktkosten der Kälberaufzucht eines Praxisbetriebes. Recherchieren Sie in der Fachliteratur, bei Behörden, z. B. dem Landwirtschaftsamt/der Landwirtschaftskammer, bei Lehr- und Versuchsanstalten und im Internet.

a Ergänzen Sie in der nachfolgenden Tabelle.

Tabelle 1: Direktkosten der Kälberaufzucht

Kostenposition	Verbrauchs-menge/Tag	Verbrauchs-menge gesamt	Preis/Kosten pro Einheit	Gesamtkosten, gerundet
Milchaustauscher				
Kälberkraftfutter				
Futterstroh				
Maissilage				
Medikamente, Tierarzt				
Verluste (bis 150 kg)				
Wasser, Energie				
Summe Direktkosten				

b Erweitern Sie die oben stehende Tabelle wie folgt, um die Gesamtkosten angeben zu können. Falls möglich, ergänzen Sie um die Soll- und Istwerte.

Tabelle 2: Direktkosten der Kälberaufzucht – Erweiterung

Kostenposition	Verbrauchs-menge/Tag	Verbrauchs-menge gesamt	Preis/Kosten pro Einheit	Gesamtkosten, gerundet
Stallplatzkosten (Afa, Zins, Unterhalt)				
Gemeinkosten				
Summe Allgemeinkosten				
Lohnansatz				
Zinsansatz (Vieh- und Umlaufkapital)				
Summe Faktorkosten				
Gesamtkosten				

27 Füllen Sie folgenden Lückentext unter Verwendung der Begriffe aus dem Wortkasten aus. Lesen Sie den ausgefüllten Text noch einmal durch und erläutern Sie Ihren Klassenkameraden, wie das Kalb nach der Aufzucht bis zur Geburt weiter gehalten und versorgt wird.

Parasitenbekämpfung ■ 750 g ■ Trockenstehergruppe ■ Stallhaltung mit Silagen und Strukturfutter ■ Abkalbestall ■ Kraftfutter (2×) ■ Geburtstermin ■ Pansenvolumen ■ 2–3 Wochen ■ Weidegang (2×) ■ Silagen, Stroh, Mineralfutter ■ Winter ■ Herbst ■ Sommer (2×) ■ Tageszunahmen ■ Kontrolle

Die Vorgehensweise in der Aufzucht hängt vom ______________ des Kalbes ab. Ein im ______ geborenes Kalb wird über den ersten Winter im Stall aufgezogen. Im folgenden ________ kommt es i. d. R. hofnah auf die Weide. Da das ______________ noch begrenzt ist, sind zusätzliche Kraftfuttergaben für ausreichende ______________ von ca. 850 g erforderlich. Im zweiten ______ werden sie im Stall gehalten und mit __________________________ und ggf. ________ versorgt. Im zweiten Sommer erhalten sie bis zum Umstallen in die Trockenstehergruppe oder in den ___________ ausschließlich __________. Dieser reicht für Tageszunahmen von _____. Im Abkalbestall bzw. in der ___________________ werden sie etwa ___________ vor der Geburt an das Futter nach der Kalbung gewöhnt. Zur Vorbereitung auf den Weidegang werden Maßnahmen zur ____________________ (Wurmkur, spezielle Ohrmarken mit Repellents [= Vergrämungsmittel]) durchgeführt und anfangs Strukturfutter beigefüttert. Weitere Maßnahmen beschränken sich auf die regelmäßige ________.

Ein im Frühjahr geborenes Kalb wird über den ersten ________ im Stall aufgezogen. Im ersten Winter erhält es wegen des begrenzten Pansenvolumens zusätzlich zum Grundfutter 1 kg __________ und Mineralfutter. Im zweiten Sommer reicht ausschließlicher Weidegang. Im zweiten Winter bis zwei Wochen vor der Kalbung erfolgt ____. In den letzten beiden Wochen vor der Geburt werden sie wie Herbstkälber gehalten und versorgt. Zur Vorbereitung auf den ___________ werden auch bei ihnen Maßnahmen zur Parasitenbekämpfung durchgeführt.

28 Überprüfen Sie zusammen mit Ihrem Ausbilder Ihre erstellte Checkliste aus **Aufgabe 24 a** auf Praxistauglichkeit.

29 Kälberaufzuchtbetriebe kaufen in der Regel nüchterne Kälber zu und ziehen diese auf. Die Kälber sind beim Kauf etwa zwei Wochen alt.

a Die Praxisbetriebe klagen über starke Gesundheitsprobleme bei diesen Tieren, besonders über Erkältungen und Durchfall. Nennen und beschreiben Sie mögliche Ursachen.
Berücksichtigen Sie hierbei Ihre bisherigen Erkenntnisse aus dieser Lernsituation und – sofern vorhanden – eigene Erfahrungen.

b Skizzieren Sie konkrete Tipps zur Verringerung bzw. Vermeidung dieser Probleme unter Berücksichtigung von Haltungs- und Fütterungsaspekten.

Tipps zur Haltung und Behandlung:

Tipps zur Fütterung:

c Ergänzen Sie den unten stehenden Anfütterungsplan.

Tabelle 1: Anfütterungsplan

Tage nach Ankunft	Tee/Wasser und Elektrolyte		Milchaustauscher-Tränke (MAT)	
	Liter/Tag	Zeitpunkt	Liter	Zeitpunkt
1				
2				
3				
4				
5				
6–8				

2.4 Tiere vermarkten

Handlungsfeld 2.4
Tiere vermarkten

Lernsituation 2.4.1 Vom Landwirt zum Verbraucher
Möglichkeiten der Vermarktung von Tieren, Diversifizierung

(**Hinweis:** Im Arbeits- und Vertiefungsbuch „Lernsituationen für Landwirte im ersten Ausbildungsjahr" wird das Handlungsfeld 2.4 nur kurz angesprochen. Die Vertiefung der fachlichen Inhalte erfolgt in den Fachstufen.)

Lernsituation 2.4.1 Tierische Produkte vermarkten (Projektarbeit)

Das Handlungsfeld 2.4 stellt eine fachliche Brücke zu den Fachstufen dar (siehe Lernlandkarte auf S. 6). Die folgende Lernsituation kann als Möglichkeit für eine umfangreichere Projektarbeit in Verbindung mit dem Handlungsfeld 1.4 gesehen werden (siehe S. 97 f.).

Situation

Ihr Praktikumsbetrieb möchte zukünftig einen Teil seiner Erzeugnisse selbst vermarkten. Den Start bildete die neu errichtete Milchtankstelle. Die Nachfrage nach regionalen Produkten steigt stetig, daher plant Ihr Betrieb, in Kooperation mit seinem „Metzger des Vertrauens" Fleischpakete in einem Kühlautomaten anzubieten. Darüber hinaus möchte er gemeinsam mit dem regionalen Müller die Produktpalette um Getreideerzeugnisse erweitern. Am „Tag des offenen Hofes" möchte der Betrieb die neuen Produkte in einer ansprechenden Übersicht bewerben.

Abbildung 1: Vermarktung – Milchtankstelle

Die Handlungsaufträge dienen als möglicher Leitfaden für die Projektarbeit. Aufgrund der Komplexität des Antwortspektrums wird hier auf die Angabe von Lösungen verzichtet.

1 Erstellen Sie eine kurze und knappe Präsentation der Rinder- oder Schweinehaltung auf Ihrem Ausbildungsbetrieb.

2 Skizzieren Sie einen Übersichtsplan für Ihr Stallsystem und ergänzen Sie dieses um kurze Erklärungen für Ihre Verbraucher.

3 Erarbeiten Sie eine Produktkette „Vom Kalb bis zum Steak" bzw. „Vom Ferkel bis zum Schnitzel".

a Erstellung einer Präsentation zur Rinder- bzw. Schweinehaltung in Ihrem Betrieb

b Erstellung eines Übersichtsplanes des Stallsystems mit kurzen Erklärungen für den Verbraucher

c Erarbeitung einer transparenten Produktkette „Vom Kalb bis zum Steak" bzw. „Vom Ferkel bis zum Schnitzel"

Projektablauf	
Informieren:	Möglichkeiten der Diversifizierung erfassen
Planen:	Fachgespräch mit Metzger planen; Sachargumente vorbereiten
Durchführen:	Erstellen der Handlungsprodukte (arbeitsteilig) **a** Erstellung einer Präsentation zur Rinder- bzw. Schweinehaltung in Ihrem Betrieb **b** Erstellung eines Übersichtsplanes des Stallsystems mit kurzen Erklärungen für den Verbraucher **c** Erarbeitung einer transparenten Produktkette „Vom Kalb bis zum Steak" bzw. „Vom Ferkel bis zum Schnitzel"
Bewerten/Reflektieren:	Die erstellten Handlungsprodukte werden in der Klasse präsentiert und ggf. am Ausbildungsbetrieb überprüft.

Projektablauf

Informieren:

Planen:

Durchführen:

Bewerten/Reflektieren:

3 Fachliches Rechnen

3.1 Fachliches Rechnen zur Pflanzenproduktion

Aufgaben zum Aufwärmen

1 **a** $2{,}87\,m + \frac{1}{2}\,m + 1\,m + 5\,cm =$

b $14\,km^2 + 42\,ha \div 7 + 13\,ha + 9\,a \times 8 =$

c $18\,ha + 60\,m^2 \div 15 =$

2 Berechnen Sie die Preise ohne Mehrwertsteuer (MwSt. = 19 %, bitte auf volle Cent runden).

a 42 €

b 7,99 €

c 29,99 €

d 6,50 €

e 24,98 €

f 69 €

3 Das Wetteramt der Zugspitze meldet an einer seiner Messstellen für die 30 Tage im April folgende Niederschlagsmengen pro Quadratmeter:

Tage	Niederschlagsmengen pro Quadratmeter
12	Ohne Niederschlag
6	6 Liter
8	35 Liter
1	62 Liter
?	72 Liter

Wie viele Liter Regen sind durchschnittlich pro Tag auf einen Quadratmeter gefallen?

4 Ein Grundstück soll eingezäunt werden. Wie viele Meter Maschendrahtzaun werden benötigt?

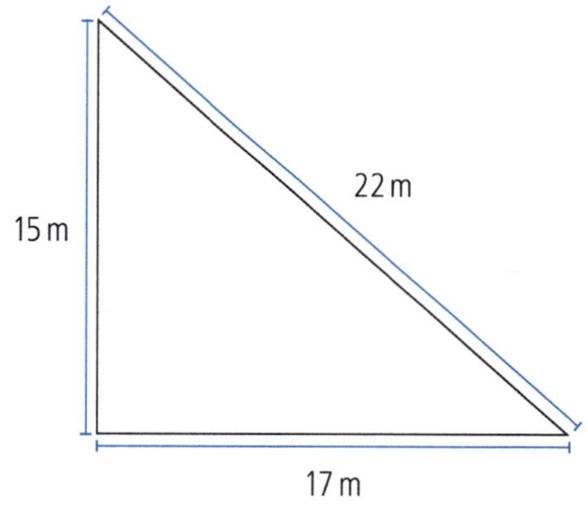

5 Bestimmen Sie den Umfang der folgenden Flächen:

a

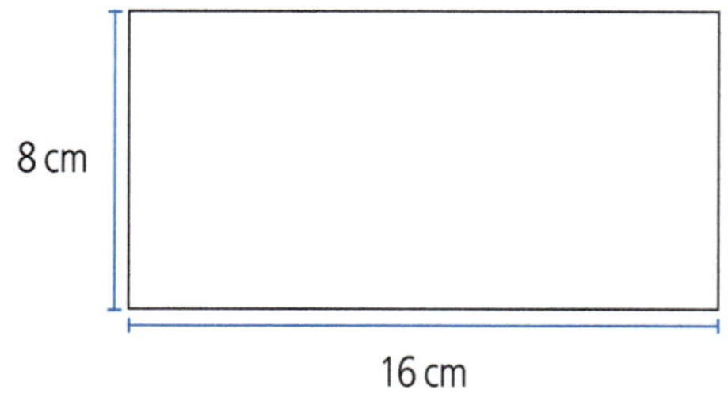

b

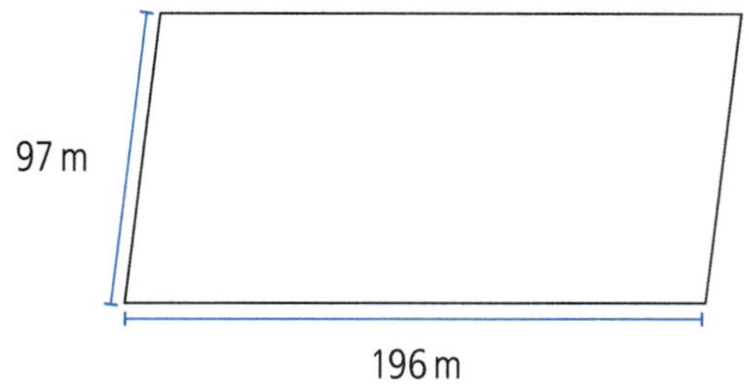

c

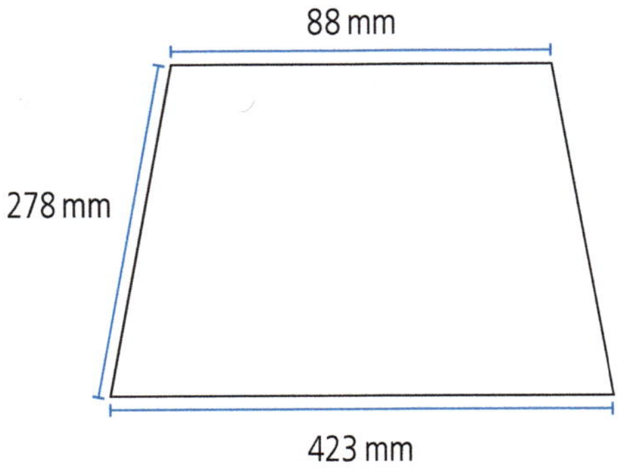

d

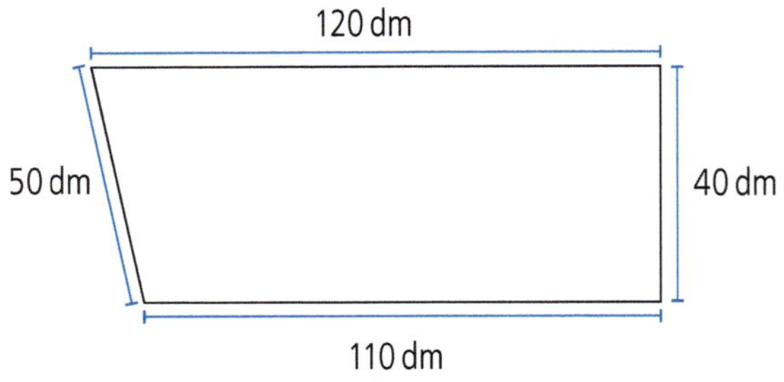

e

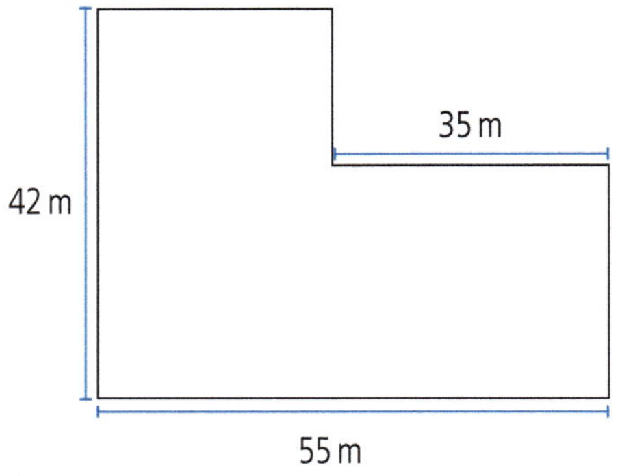

6 Zwei Landwirte streiten wegen der Größe ihrer Felder.
Bauer Huber behauptet, dass sein Nachbar Bauer Müller jedes Jahr beim Pflügen ein kleines Stück von seinem Feld mitpflügt und damit die Grundstücksgrenze verschiebt.
Damit soll jetzt Schluss sein, Herr Huber will an der Grenze seines Grundstückes eine Hecke pflanzen.
Dafür müssen die Umrisse der Grundstücke mit dem Eintrag im Grundbuch verglichen werden.

Folgende Seitenlängen sind bekannt:
a = 12 000 cm;
b = 0,18 km;
c = g;
d = b;
e = 2 100 dm;
f = g;
h = 75 m

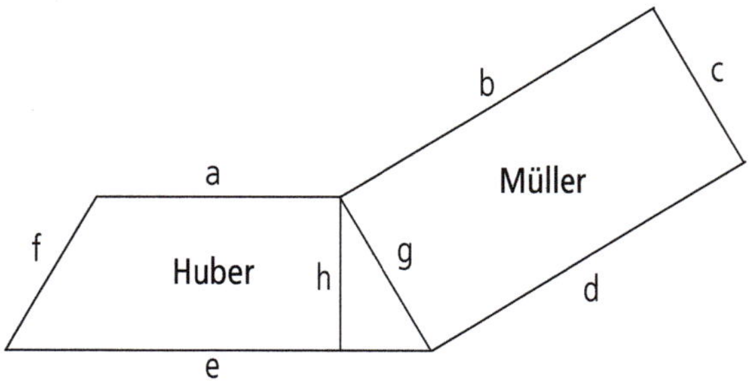

a Bestimmen Sie mithilfe der Angaben den Umfang beider Felder!

b Ermitteln Sie den Flächeninhalt beider Felder. Welches ist das größere?

c Berechnen Sie die Länge der Grenze zwischen den beiden Feldern. Wie viele Pflanzen braucht Herr Huber wenn er mit einem Pflanzenabstand von 25 cm rechnet?

7 Sie planen, ein Schulbeet mit der Blühmischung „Bienenweide" anzusäen. Auf der Verpackung steht der Hinweis: 1,5 g pro m². In der Packung sind 9 g Nettogewicht Samen enthalten.

a Für welche Fläche reicht eine Packung?

b Wie viele Packungen benötigen Sie für die nebenstehende Fläche?

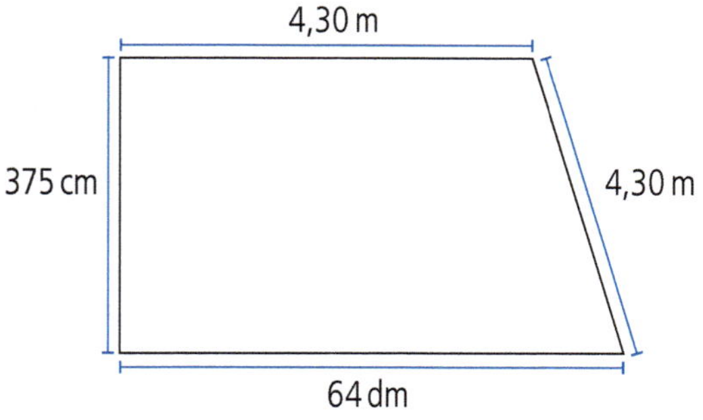

c Das Beet soll mit Platten umrandet werden. Berechnen Sie die benötigte Anzahl der quadratischen Platten mit einer Fläche von je 900 cm².

8 Ein dreieckiges Grundstück hat eine Grundlinie von 48 m und eine Höhe von 38,40 m. Es soll im Zuge einer Flurbereinigung gegen ein rechteckiges Grundstück von 27,30 m Breite getauscht werden.

Berechnen Sie, wie lang dieses Grundstück sein muss.

9 Bei einer Maschinenhalle soll das Dach neu eingedeckt werden. Eine Dachhälfte hat eine Länge von 27 m und eine Breite von 16 m, die zweite Dachhälfte hat eine Breite von 4 m. Für 1 m² werden 15 Dachziegel benötigt, die pro Stück 0,78 € kosten. Pro laufendem Meter First werden drei Firstziegel gebraucht; diese kosten pro Stück 4,80 €. Zu diesen Preisen kommt die Mehrwertsteuer noch hinzu.

Berechnen Sie …

a … die gesamte Dachfläche.

b … die Zahl der benötigten Dachziegel.

c … die Zahl der benötigten Firstziegel.

d … die Gesamtkosten inkl. Mehrwertsteuer.

10 Sie legen in der Berufsschule mehrere Versuchsflächen an, die mit unterschiedlichen Getreidesorten angesät werden sollen. Es handelt sich um zwei kreisrunde Flächen mit einem Durchmesser von jeweils 190 cm und eine quadratische Fläche mit einer Seitenlänge von 1 800 mm.

a Berechnen Sie die Gesamtfläche in Quadratmetern.

b Die Flächen sollen per Hand eingesät werden. Im Rechteck soll Triticale gesät werden, in den Kreisen Winterweizen und Wintergerste. Berechnen Sie anhand folgender Angaben die jeweils benötigte Menge an Saatgut.

- Winterweizen: 310 Körner pro m², TKG = 0,049 kg, Keimfähigkeit 97 %
- Wintergerste: 290 Körner pro m² mit je 0,041 g, Keimfähigkeit 95 %
- Triticale: 320 Körner pro m², TKG = 45, Keimfähigkeit 100 %

c Für einen Düngeversuch wird auf einer Fläche Wintergerste gesät. Berechnen Sie die benötigte Saatgutmenge.

d Die Flächen sollen gut sichtbar abgegrenzt werden. Berechnen Sie die Seillänge, die bei einer einfachen Umrandung mindestens benötigt wird.

e Gegen größere Beschädigungen soll statt dem Seil ein 75 cm hoher Zaun die Flächen einfassen. Berechnen Sie die Zaunfläche.

11 Ihr Praxismeister plant die Düngung für 254 000 m² Silomais. Seine Düngeberechnung ergibt nach allen Abzügen den folgenden Bedarf an Nährstoffen:

N: 87 kg/ha   P: 75 kg/ha

Berechnen Sie die benötigten Mineraldüngermengen an Diammonphosphat 18/46 (DAP) und Kalkammonsalpeter (KAS).

Aufgaben zu Lernsituation 1.1.1

1 Wenn in einer Handvoll Erde (ca. 50 g) 1 Milliarde Lebewesen zu finden sind, wie viele Lebewesen finden Sie in einem Kubikmeter Erde (Dichte: 0,8 g/cm³)?

Aufgaben zu Lernsituation 1.1.2

1 Ihr Ausbilder gibt Ihnen die Aufgabe, die benötigte Saatgutmenge für folgende Schläge zu berechnen:

Schlag 1:	WW 1,7 ha	TK 52 g	KF 98 %	330 kf. Körner/m²
Schlag 2:	WW 3,2 ha	TK 44 g	KF 96 %	290 kf. Körner/m²

Schlag 1:

Schlag 2:

2 Auf einem Acker von 5 ha wird jedes Jahr nur 1 mm pro m² Boden durch Erosion abgetragen.

a Wie viel Boden (in Kubikmetern) wird dann auf diesem Acker in einem Jahr abgetragen (Dichte = 1,80 t/m³)?

b Wie oft müssen Sie mit der Schubkarre (80 l Fassungsvermögen) fahren, um diese Menge abzutransportieren?

Aufgaben zu Lernsituation 1.2.2

1 Bei der Ertragsermittlung wurden an Beprobungsstellen folgende Ertragsmengen pro 0,25 qm ermittelt.

a Ermitteln Sie den durchschnittlichen Ertrag pro Hektar.

Tabelle 1: Beprobungsstellen

Stichprobe	Ertragsmenge in Gramm
1	250
2	260
3	292
4	310
5	342
6	211
7	308
8	254
9	297
10	288
Summe	
Durchschnitt	

b Berechnen Sie den Gewichtsverlust durch Trocknung pro Dezitonne Ertrag und für den Ertrag pro Hektar aus Teilaufgabe **a**.

2 Berechnen Sie den Hektarertrag.

Man nehme an, in Deutschland würden pro Kopf und Jahr etwa 8 kg Hartweizenprodukte verzehrt, etwa in Form von Spaghetti und Spätzle (Weichweizen: ca. 55 kg). Ferner würden hierzulande jährlich rund 570 000 t Hartweizen verarbeitet – ein Viertel davon aus heimischer Produktion. Der Anbau erfolgte auf einer Fläche von 300 km^2. Berechnen Sie den Ertrag in Dezitonnen pro Hektar.

3 Berechnen Sie für einen Weizenpreis von 26 €/dt den Grenzertrag, ab dem es sich für einen Landwirt rechnet, Durumweizen statt normalem Weizen anzubauen. Der Preis von Durumweizen liegt 10 €/dt über dem von Weizen.

4 Berechnen Sie den Grenzertrag für einen Weizenpreis von 18 €/dt.

5 Berechnen Sie den Grenzertrag für einen Weizenpreis von 10 € pro dt.

Aufgaben zu Lernsituation 1.3.1

1 Auf Ihrem Praxisbetrieb stehen Pflegemaßnahmen im Winterweizen an. Dazu gehört, neben den üblichen mechanischen und chemischen Maßnahmen zur Beipflanzenregulierung, auch die Fungizidmaßnahme.

Ihr Ausbilder beauftragt Sie, dazu eine Wirtschaftlichkeitsberechnung durchzuführen und eine Entscheidung zu treffen.

Auf dem trapezförmigen Flächenstück „Schnell-Acker" wurde im vergangenen Herbst Winterweizen (Sorte Chaplin) gesät.

Länge a: 97 500 cm
Höhe h: 5 170 dm
Länge b: 771 m

Abbildung 1: Trapezförmiges Flächenstück „Schnell-Acker"

a Berechnen Sie die Fläche des Ackers in Hektar.

b Ihr Ausbilder gibt Ihnen für verschiedene Varianten der Behandlungsstrategie folgende Informationen an die Hand, um eine Entscheidung treffen zu können.

Tabelle 1: Verrechnungsbeispiel Winterweizen

Verrechnungspreise in Euro pro Dezitonne, inkl. 10,7 % MwSt. (Durchschnitt mehrerer Jahre)				
Winterweizen		**E-Qualität: 23,30 €**		**Durchschnittlicher Ertrag über mehrere Jahre (dt/ha)**
Verfahrensbeschreibung	**Behandlungszeitpunkt nach BBCH**	**Eingesetztes Mittel**	**Anzahl der Überfahrten**	
Variante 1 (ohne Behandlung)	–	–	–	89,2
Variante 2 (zweimalige Behandlung)	37–49 61–65	0,8 l Mittel 1 1,25 l Mittel 2	2	104,5
Variante 3 (einmalige Behandlung)	39–49	2,5 l Mittel 3	1	100,6

Berechnen Sie die Erlöse und die monetären Unterschiede zwischen den drei Varianten für die gesamte Fläche.

2 Ihr Ausbilder plant, 1 200 ml pro Hektar eines Fungizids auszubringen. Der Tank der Feldspritze fasst 600 l. Es sollen 0,23 m^3 pro Hektar ausgebracht werden.

a Welche Menge des Fungizids wird für eine Tankfüllung benötigt?

b Wie viele Tankfüllungen werden für folgende Fläche (Parallelogramm) benötigt?

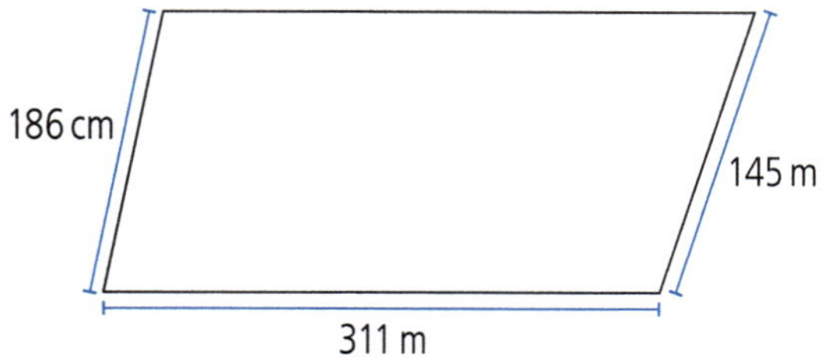

c Wie viele Tankfüllungen können mit 5 Litern des Fungizids hergestellt werden?

Aufgaben zu Lernsituation 1.3.2

1 Recherchieren Sie für die in Ihrem Ausbildungsbetrieb eingesetzten mineralischen Düngemittel (nur Hauptnährstoffdünger) Nährstoffgehalte, Ionenformen und aktuelle Preise.

2 Ihr Ausbilder bittet Sie um Unterstützung beim Einkauf des Stickstoffdüngers. Wählen Sie zwei übliche N-Einzeldüngemittel aus und führen Sie eine Preiswürdigkeitsberechnung durch (in Euro pro Kilogramm). Berechnen Sie die benötigte Düngemittelmenge und die Gesamtkosten für den folgenden Weizenschlag („Brückner-Acker"):

Daten des „Brückner-Ackers": 4,5 ha; N_{min} = 75 kg/ha; Stickstoffbedarfswert je dt Ertrag: 2,88 kg N; langjähriger Ertragsdurchschnitt: 79 dt/ha

N-Bedarf Weizenschlag:

Preisvergleich Dünger (Kosten je kg N):

Düngermenge Schlag:

3 Für eine effiziente Düngung sind Kenntnisse und Berechnungen zur Ausbringmenge erforderlich. Ergänzen Sie die fehlenden Angaben in der untenstehenden Tabelle.

Tabelle 1: Anger- und Lang-Schlag und Greiler- und Feldscheid-Acker

	Feldscheid-Acker	Lang-Schlag	Greiler-Acker	Anger-Schlag
Schlaggröße (ha)	6,7 ha	8,1 ha	______	______
Ausbringmenge (kg/ha)	110 kg/ha	______	150 kg/ha	78 kg/ha
Arbeitsbreite (AB) Düngerstreuer (m)	20 m	20 m	20 m	24 m
Geschwindigkeit (km/h)	10 km/h	7 km/h	9 km/h	______
Ergebnis der Abdrehprobe (kg/min)	______	27 kg/min	27,03 kg/min	26 kg/min
Arbeitsstrecke (m)	______	______	______	______
Gesamte benötigte Arbeitszeit (h); ohne Berücksichtigung des Wendens	______	______	1,2 h	0,7 h

Allgemeine Angaben:

Feldscheid-Acker

Lang-Schlag

Greiler-Acker

Anger-Schlag

3.2 Fachliches Rechnen zur Tierproduktion

3.2.1 Tierproduktion – Schwein

Aufgaben zu Lernsituation 2.2.1

1 Die Sau muss während der Trächtigkeit bedarfsgerecht gefüttert werden. Dabei steigert sich der Energiebedarf je nach Trächtigkeitsphase wie folgt: Niedertragende Sauen haben einen Energiebedarf von 33 Energieeinheiten pro Tag, hochtragende Sauen benötigen 42 Energieeinheiten pro Tag.

Berechnen Sie für die beiden Trächtigkeitsphasen die täglich jeweils erforderliche Futtermenge, wenn 1 kg Futter 11,8 Energieeinheiten enthält. (Ergebnis bitte auf zwei Stellen nach dem Komma runden.)

2 Sie sollen Samenportionen bei der für Ihren Betrieb zuständigen Besamungsstation bestellen. Die Besamung beginnt am Donnerstag und endet bei den letzten Sauen am Sonntagvormittag. Pro Sau werden 2,2 Tuben/Samenportionen eingesetzt.

a Berechnen Sie die Anzahl der Besamungstuben bei 50 zu belegenden Sauen.

b Berechnen Sie die Anzahl der notwendigen Eber, wenn aus einem Ejakulat 39 Tuben hergestellt werden.

d Ermitteln Sie die Anzahl der Lieferungen. Berücksichtigen Sie hierbei die Angaben zu „P" und „mH" auf dem Etikett der nebenstehenden Samentube.

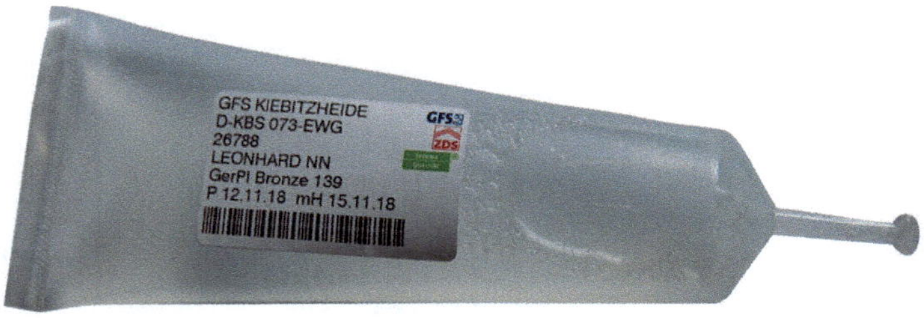

Aufgaben zu Lernsituation 2.2.2

1 In einem Praxisbetrieb wurde der Verbrauch an Desinfektionslösung zur Desinfektion eines Ferkelaufzuchtstalles (20 m lang, 9 m breit und 3,20 m hoch) mit insgesamt zehn Buchten (4 m × 4 m) ermittelt. Dabei wurden zunächst die Fütterungsautomaten (4,50 m^2 Oberfläche/Automat), anschließend die Seitenwände (Stallwände bis 1,10 m Höhe, Buchtenabtrennungen 1,10 m hoch) und zuletzt die Bodenfläche der Buchten desinfiziert. Als letzter Arbeitsschritt war der Mittelgang (20 m × 0,90 m) mit den Wandbereichen bzw. den Buchtenabtrennungen dran. Ausgebracht wurden 0,4 l Desinfektionslösung/m^2 als Schaum. Der Wasserdurchsatz am Hochdruckreiniger betrug 35 l/Minute, die Konzentrationsvorgabe des Lösungsmittels betrug 0,75 %. (Alle Ergebnisse – auch die Zwischenergebnisse – auf zwei Stellen nach dem Komma runden.)

a Berechnen Sie die Gesamtmenge an Desinfektionslösung in Litern.

b Berechnen Sie die Menge an Desinfektionsmittel und die erforderliche Wassermenge.

c Berechnen Sie die Desinfektionsdauer für dieses Abteil.

d Berechnen Sie den Faktor, mit dem die Grundbodenfläche zu multiplizieren ist, um die gesamte Lösungsmenge vorauszuplanen.

e Berechnen Sie den Faktor, wenn die gesamte Wandfläche bis zur Decke (Deckenhöhe 3,20 m) desinfiziert werden soll.

f Berechnen Sie den Faktor, wenn zusätzlich noch die Decke desinfiziert werden soll.

2 Auf Ihrem Praxisbetrieb werden jährlich 1 800 Mastschweine erzeugt. Diese werden mit 30 kg eingestallt und mit 120 kg geschlachtet. Neben der reinen Mastzeit von 109 Tagen werden pro Umtrieb 5 Tage für Reinigungs- und Desinfektionsarbeiten geplant.

a Berechnen Sie die (theoretischen) Umtriebe pro Jahr. (Ergebnis auf eine Stelle nach dem Komma runden.)

b Berechnen Sie die täglichen Zunahmen der Tiere in g.

3 Berechnen Sie die Konzentration der Desinfektionslösung in Prozent, wenn folgende Daten vorliegen: Gesamtlösungsmenge 165 l, darin enthalten sind 1,98 l Desinfektionsmittel.

3.2.2 Tierproduktion – Rind

Aufgaben zu Lernsituation 2.3.2

1 Eine quadratische Kälbergruppenbox mit einer Länge von 60 dm und einer Wandhöhe von 175 cm mit einer Türöffnung von 1 m soll innen mit einem flüssigen Breitband-Desinfektionsmittel behandelt werden. Die Aufwandsmenge ist mit 165 ml/m^2 angegeben.

a Berechnen Sie die benötige Menge an fertiger Desinfektionslösung.

b Berechnen Sie die benötigen Mengen an Mittel und Wasser für die Herstellung einer 5 %igen Desinfektionslösung.

2 Auf Ihrem Praxisbetrieb liegen die Aufzuchtverluste der Kälber bei 12 %, bei einer Geburtenrate von 150 Kälbern pro Jahr. Die Hälfte der Kälber werden als Nutzkälber mit einem Gewicht von 90 kg verkauft. Berechnen Sie den Jahreserlös dieser Tiere, wenn der Preis pro kg 4,80 € (inkl. MwSt.) beträgt.

3 Berechnen Sie die Inhaltsstoffe eines Liters fertig angerührten Milchaustauschers, vergleichen Sie diese mit denen in einem Liter Vollmilch (4 % Fett und 3,5 % Eiweiß) und ziehen Sie Schlussfolgerungen für das Wachstum der Kälber.

Entnehmen Sie hierzu folgender Produktbeschreibung die Eiweiß- und Fettgehalte und gehen Sie von der Mindesteinsatzmenge an Milchpulver aus.

ProfiMilch Total

Milchaustauscher für Kälber aller Rassen, enthält Magermilchpulver, ohne pflanzliche Eiweiße.
GVO: nicht kennzeichnungspflichtig.

Inhaltsstoffe

22,00 % Eiweiß;
0,05 % Rohfaser;
1,00 % Calzium;
1,80 % Lysin;
7,00 % Rohasche;
0,60 % Phosphor;
17,00 % Rohfett;
50,00 % Magermilchpulver;
0,40 % Natrium

Zusatzstoffe

Vitamin A 25.000 I. E.
Vitamin D3 4.000 I. E.
Vitamin E 150 mg
+ Aromastoffe
+ BHT
+ Milchsäurebakterien
+ Emulgator
+ Vitamin C
+ Vitamin-B-Komplex

Weitere Zusätze

Zink, Biotin, Mangan, Pantothensäure, Kupfer, Niacin, Eisen, Selen, Jod

Eigenschaften/Vorteile

Die Rohwaren
→ garantieren eine gute Akzeptanz der Tränke.

Die Milchsäurebakterien
→ stabilisieren die Darmflora und wirken prophylaktisch gegen Durchfall.

Die sonstigen Zusatzstoffe
→ bedürfen keiner weiteren Ergänzung während der Milchphase

Einsatzempfehlung

- Nach der Biestmilchphase für die eigenen Kälber oder für Zukaufkälber
- Rationiert oder als Ad-libitum-Tränke in der intensiven Aufzucht
- Als alleinige Milchtränke oder in einer mehrphasigen Kälberaufzucht
- ProfiMilch Total wird bei rationierter Fütterung mit 38–40 °C vertränkt.
- Bei Ad-libitum-Tränke reichen 20–30 °C.
- ProfiMilch Total löst sich gut bei 45–55 °C auf.
- Konzentration der Milchtränke: 160–180 g pro Liter Wasser (im Winter + 50 g)
- Mindest-MAT-Menge pro Tag:
  - 800 g im Sommer
  - 900 g im Frühjahr und im Herbst
  - 1.000 g bei 5 °C Umgebungstemperatur
  - 1.200 g bei –5°C Umgebungstemperatur
- Intensiv aufgezogene Kälber erhalten in den ersten 3–4 Lebenswochen 10–12 Liter ProfiMilch Total pro Tag und kurzes Stroh/Heu, das Kälberaufzuchtfutter und Wasser sollen den Kälbern immer frisch und immer zur freien Aufnahme zur Verfügung stehen.

Abpackung

25 kg im wasser- und geruchsundurchlässigen Spezialpapiersack, 30 Säcke auf einer Palette

Berechnung:

Schlussfolgerung:

Berechnen Sie die Kosten pro Liter angerührter Milch und vergleichen Sie diese mit dem aktuellen Verkaufserlös pro Kilogramm Milch. Berücksichtigen Sie hierbei die Mehrwertsteuer.

Mehrwertsteuer für den Verkauf von Milch:	10,7 %
Mehrwertsteuer für den Einkauf von Milchpulver:	7 %
Verkaufspreis Milch (ohne Mehrwertsteuer):	35 Ct
Einkaufspreis ProfiMilch Total:	185 €/dt

Für den nährstoffmäßigen Austausch von Fett in einem Liter Vollmilch werden 235 g ProfiMilch Total benötigt. Berechnen Sie die Kosten pro Kilogramm angerührtem Milchaustauscher bei Fettausgleich und beurteilen Sie das Ergebnis.

Beurteilung:

4 In der betrieblichen Zwischenprüfung erhalten Sie den Auftrag, für 20 Kälber die morgendliche Tränkemenge anzurühren. Nach Begutachtung der Tierpässe finden Sie folgende Altersgruppen vor: Fünf Kälber sind drei Wochen alt, drei Kälber sind vier Wochen alt, vier Kälber sind sechs Wochen alt, drei Kälber sind acht Wochen alt, fünf Kälber sind zwölf Wochen alt. Die zur Berechnung erforderlichen Angaben finden Sie im folgenden Aufzuchtplan. Wie viele Kilogramm Milchpulver und wie viele Liter Wasser werden benötigt?

Tabelle 1: Aufzuchtplan mit ProfiMilch Total (160 g/Liter Wasser)

Lebensalter	Tränke-Empfehlung/Tag	Empfehlung für die Beifütterung (Tagesmengen)
1.–3. Tag	Biestmilch ad libitum + Eisengabe	
1. Woche	8 l/Tag der ad libitum	
2. Woche	10 l/Tag oder ad libitum	Kälberkorn + Kälberstroh (im Verhältnis 80 : 20 bis 85 : 15) ad libitum
3. Woche	10–12 l/Tag oder ad libitum	Kälberkorn + Kälberstroh (im Verhältnis 80 : 20 bis 85 : 15) ad libitum
4. Woche	9 l/Tag	Kälberkorn + Kälberstroh (im Verhältnis 80 : 20 bis 85 : 15) ad libitum
5. Woche	8 l/Tag	Kälberkorn + Kälberstroh (im Verhältnis 80 : 20 bis 85 : 15) ad libitum
6. Woche	7 l/Tag	Kälberkorn + Kälberstroh (im Verhältnis 80 : 20 bis 85 : 15) ad libitum
7. Woche	6 l/Tag	Kälberkorn + Kälberstroh (im Verhältnis 80 : 20 bis 85 : 15) ad libitum
8. Woche	5 l/Tag	Kälberkorn + Kälberstroh (im Verhältnis 80 : 20 bis 85 : 15) ad libitum
9. Woche	4 l/Tag	Kälberkorn + Kälberstroh (im Verhältnis 80 : 20 bis 85 : 15) ad libitum + 1 kg Maissilage
10. Woche	3 l/Tag	Kälberkorn + Kälberstroh (im Verhältnis 80 : 20 bis 85 : 15) ad libitum + 1 kg Maissilage
11. Woche	2 l/Tag	Kälberkorn + Kälberstroh (im Verhältnis 80 : 20 bis 85 : 15) ad libitum + 1 kg Maissilage
12. Woche	1 l/Tag	Kälberkorn + Kälberstroh (im Verhältnis 80 : 20 bis 85 : 15) ad libitum + 1 kg Maissilage
ab 13. Woche		1–2 kg Kälberkorn + Kälberstroh (im Verhältnis 80 : 20 bis 85 : 15) ad libitum + langsame Umstellung von Maissilage + Kälberstroh auf Kuh-TMR mit mind. 6,5 MJ NEL und 160 g XP/kg TM ad libitum

Tränkemenge:

5 Ein Kälberiglu hat folgende Maße:
Länge: 2,20 m
Breite: 1,25 m
Umlaufmaß (von der einen Seite unten über die Spitze bis zur anderen Seite unten): 3,20 m
Rückwand: Breite 1,25 m – Höhe 1,50 m
Vorderkante links bis zur Spitze: 15 cm breit
Vorderkante rechts bis zur Spitze: 30 cm breit

Die linke und die rechte Seite des Metallgitters vor dem Iglu sind jeweils 1,50 m lang und 1 m hoch, das vordere Gitter ist 1,25 m breit und ebenfalls 1 m hoch. Der Betrieb setzt ein Desinfektionsmittel mit folgender Auflage ein: Die Temperatur beträgt 20 °C, es soll gegen „parasitäre Würmer" (Wurmeier) desinfiziert werden.

Berechnen Sie die Desinfektionsmittelmenge und geben Sie das Mischungsverhältnis an.

4 Anhang

4.1 Glossar

Fachbegriff	Erklärung
I–XII	Januar–Dezember (I, II, III, …XII)
A	
Ad libitum	Nach Belieben
Adhäsion	Anhangskraft zwischen zwei verschiedenen Stoffen (fest oder flüssig)
Adenosintriphosphat (ATP)	Energieträger, der in tierischen Zellen bereitgestellt wird
Adult	Lateinisch: erwachsen, ausgewachsen
Aerob	Als aerob werden Stoffwechselprozesse von Zellen oder Organismen bezeichnet, die in Gegenwart von Luftsauerstoff ablaufen.
Agalaktie	Milchmangel
Akarizid	Pestizid oder Biozid zur Bekämpfung von Milben und Zecken
Altsau	Sau nach dem ersten Wurf
Anaerob	Ohne Sauerstoff, unter Ausschluss von Sauerstoff
Antagonismus	Antagonismus (gegensinniges Wirken zweier Wirkstoffe) bei Nährstoffen bedeutet die gegenseitige Behinderung zweier Nährstoffe bei der Aufnahme durch unverhältnismäßig hohe Nährstoffkonzentrationen, z. B. Kalium und Calcium.
Assimilation	Anabole Stoff- und Energiewechsel von Lebewesen unter Umwandlung fremder anorganischer und organischer Stoffe aus der Umwelt (unter Energieverlust)
ATP	→ Adenosintriphosphat
B	
Bakterizid	Chemischer Stoff, der Bakterien abtötet
BBCH	Biologische **B**undesanstalt, **B**undessortenamt und **ch**emische Industrie; der BBCH-Code dient der Bestimmung von Entwicklungsstadien von Kulturpflanzen.
Bereinigter Mehrertrag	Ertragssteigerung durch Pflanzenschutzmaßnahmen (Fungizid, Insektizid o. Ä.) multipliziert mit dem Erlös, abzüglich der Kosten für die Anwendung (Ausbringkosten, Mittelkosten u. Ä.); Betrag abzüglich der Ausbringungs- und Präparatekosten des jeweiligen Jahres
Besamungspeak	Zeitdauer der höchsten Befruchtungsfähigkeit; beginnt direkt nach der erfolgreichen Stimulation und dauert 5–15 Minuten. → Stimulationspeak
Bodenerosion	Ablösung, Transport und Ablagerung von Bodenmaterial
Bodenhorizont	Bereich innerhalb eines Bodens, der einheitlich ähnliche Merkmale und Eigenschaften besitzen; dieser wird durch unterschiedliche Bereiche nach oben oder unten abgegrenzt.

Fachbegriff	Erklärung
Bodentyp	Unterschiedliche Erscheinungsform von Böden
Brunstinduktion	Hormonelle Einflussnahme auf den Brunstzyklus, um den Besamungszeitpunkt zu steuern
C	
Chlorose	Durch Chlorophyllmangel bedingtes Krankheitsbild (Bleichsucht) bei Pflanzen
D	
DANN	Deutscher Normenausschuss
Deckzentrum	Stallbereich, in dem die Sauen untergebracht sind, die zur Besamung anstehen. Die Sauen werden nach dem Absetzen hierhergebracht und bleiben dort i. d. R. bis nach der Trächtigkeitskontrolle, also ca. 28 Tage.
Dehydrierung	Austrocknung, Vertrocknung
DIN	Deutsches Institut für Normung
Dissimilation	Katabolischer Stoff- und Energiewechsel unter Abbau von z. B. Fetten und Kohlenhydraten (meist unter Energiegewinnung)
Domestikation	Innerartlicher genetischer und verhaltensbiologischer Veränderungsprozess von Wildtieren/Wildpflanzen durch den aktiven Einfluss des Menschen
Drenchen	Zwangsfütterung
Durumweizen	Hartweizen
E	
Ejakulat	Spermienhaltige Flüssigkeit bei einer Absamung/bei einem Sprung
Ektoparasitär	Der Parasit lebt auf der Oberfläche seines Wirtes.
Endoparasitär	„Innenschmarotzerisch“; der Parasit lebt im Inneren von Organismen (z. B. Darmparasiten).
Enrichment	Beschäftigungskonzept von Tieren in Gefangenschaft
Eutrophierung	Übermäßiger Eintrag von Nährstoffen durch das Abschwemmen von Boden
Explorationsverhalten	Erkundungsverhalten
Extrationsschrot (Soja)	Rückstand aus der Verarbeitung der Sojabohne zur Ölgewinnung
F	
Fahrgasse	Fahrweg innerhalb einer landwirtschaftlichen Nutzfläche, um Pflegemaßnahmen durchzuführen
Flankengriff	Kniefalte der Sau mehrmals kräftig nach oben „reißen“
Flushing-Fütterung	Futterveränderung aller Art, z. B. Zuckerzulage, Eiweißzulage, kompletter Futterentzug, u. v. m.

Fachbegriff	Erklärung
Follikelstimulierendes Hormon (FSH)	Stimuliert das Wachstum und die Reifung von Folikeln im Eierstock
Fotosynthese	Physiologischer Prozess, bei dem von lichtabsorbierenden Pflanzenfarbstoffen wie Chlorophyll Lichtenergie in chemische Energie umgewandelt wird
Fruchtfolge	Zeitliche Abfolge von landwirtschaftlichen Kulturen auf einem Schlag über mehrere Vegetationsperioden
Fungizid	Chemischer oder biologischer Wirkstoff, um Pilzsporen abzutöten
Futterverwertung	Futteraufwandmenge in Kilogramm für ein Kilogramm Zuwachs
FSH	→ Follikelstimulierendes Hormon
G	
Generative Vermehrung	Geschlechtliche Vermehrung
Gesteinsmetamorphose	Gesteinsumwandlung
Getreideschädling	Diese ernähren sich von den Getreidekörnern (Früchten).
GnRH	→ Gonadotropin-Releasing-Hormon
Gonadotropin-Releasing-Hormon (GnRH)	Fördert die Bildung weiterer Sexualhormone wie FSH und LH
H	
Herbizid	Unkrautbekämpfungsmittel
Heterotrophe Pflanze	Fremdernährende Pflanze
HRAC	Herbicide Resistance Action Committee (Verbund verschiedener Unternehmen, um Maßnahmen gegen Herbizidresistenzen zu entwickeln)
I	
Insektizid	Pestizid, um Insekten zu vertreiben, deren Entwicklungsstadien zu hemmen oder abzutöten
J	
Jungsau	Sau, die zum ersten Mal besamt wird, bis einschließlich der Säugezeit des ersten Wurfes
K	
Kohäsion	Bindungskraft zwischen zwei Atomen oder Molekülen innerhalb eines Stoffes
Kohlenstoffassimilation	Kohlenstofffixierung in Organismen
Kolostrum	Biestmilch, Klostralmilch, Vormilch
Komfortverhalten	Aktivitäten eines Tieres, die mit Körperpflege zu tun haben

Fachbegriff	Erklärung
Konventionell	Herkömmliche landwirtschaftliche Betriebsform, unter Berücksichtigung regionaler Gegebenheiten, unter Einhaltung der landwirtschaftlichen gesetzlichen Grundlagen und Pflege der Kulturlandschaft
Kuhsignal	Unter dem Begriff Kuhsignal versteht man arttypisches oder nicht-arttypisches Verhalten eines Rindes. Das Rind sendet Signale aus, welche der Landwirt nutzen kann und soll, um sich ein Bild vom aktuellen Gesundheitszustand des Tieres zu machen. Es ist wichtig, die Ursachen dafür zu finden und diese ggf. falls zu beheben.
L	
Lebendverbauung	Mikroorganismen des Bodens und andere begünstigende Gefügeformen, welche anorgansiche Bodenteilchen verleben und die Bodenkrümel umspannen
LH	→ Luteinisierendes Hormon
Lokomotionsverhalten	Bewegungsverhalten (gehen, laufen usw.)
Löss	Löss besteht vorwiegend aus Schluff, der meist durch Wind abgelagert wurde, und ist überwiegend in gemäßigten Klimazonen zu finden. Löss ist ein ackerbaulich günstiger Ausgangsboden.
Luteinisierendes Hormon (LH)	Bewirkt die Endausreifung des Follikels
Lux	SI-Einheit der Beleuchtungsstärke
M	
Magmatit	Durch abgekühlte Magma aufgestiegenes Gestein
Mastitis	Gesäugeentzündung
Meiose	Reifeteilung bei der geschlechtlichen Fortpflanzung, um den Chromosomenbestand bei der Verschmelzung des männlichen und des weiblichen Zellkerns während der Befruchtung zu halbieren
Metamorphit	Veränderung eines Gesteins in der Erdkruste durch z. B. Umgebungsdruck oder Temperatur
Metritis	Gebärmutterentzündung
MFA	Magerfleischanteil im gesamten Schlachtkörper
Mikrotubulus (Pl. Mikrotubuli)	Spindelapparat
Mitochondrium (Pl. Mitochondrien)	„Kraftwerk" der Zelle, in dem die Produktion von ATP Adenosintriphosphat stattfindet
Mitose	Teilung des Zellkerns durch Entstehung zweier Tochterzellen mit gleicher genetischer Information
Molluskizid	Chemisches Mittel, das Weichtiere (z. B. Schnecken) tötet
Monetär	Tatsächlicher Geldwert; finanziell
Myzel	Die Gesamtheit der fadenförmigen Zellen (Hyphen) eines Pilzes oder Bakteriums

Fachbegriff	Erklärung
N	
Nekrose	Absterben bzw. Tod mehrerer Zellen
Nematizid	Pestizid, um Fadenwürmer (Nematoden) abzutöten
nFK	→ nutzbare Feldkapazität
Nutzbare Feldkapazität	Wassermenge, die ein Boden pflanzenverfügbar speichern kann
O	
Ödemkrankheit	Durch Rohfasermangel im Futter verringert sich die Durchflussgeschwindigkeit im Darm. Dadurch gelangen Coli-Bakterien in den Dünndarm, vermehren sich dort und produzieren Toxine. Diese Gifte schädigen Blutgefäße und sorgen für Wasseransammlungen an den Austrittstellen des Körpers (Augenlieder, Nasenrücken).
Oral	Über das Maul verabreicht
P	
Pädogenese	Bodenbildung/Prozess der Entstehung des Bodens
Pestizid	Chemikalie, die lästige oder als schädlich angesehene Lebewesen vertreibt, tötet oder deren Entwicklung hemmt
Phänologische Jahreszeit	Vorfrühling, Erstfrühling, Vollfrühling, Frühsommer, Hochsommer, Spätsommer, Frühherbst, Vollherbst, Spätherbst, Winter
Phloem	Siebteil, das die Siebelemente (assimilatleitende Zellen) eines Leitbündels in der Pflanze umfasst
Photoautotrophe Pflanze	Selbsternährende Pflanze (mit Sonnenlicht)
pH-Wert	Maß für den sauren oder basischen Charakter eines Stoffs oder einer wässrigen Lösung
Plutonit	Tiefengestein; entsteht durch Erstarrung innerhalb der Erdkruste
Porung	Porengrößenverteilung im Boden; Porengrößen und -formen hängen von der Bodentextur und dem Bodengefüge ab.
Primärschädlinge	Ernähren sich von den Getreidekörnern (Früchten), z. B. Ratten, Mäuse, Kornkäfer
Produktionsfaktoren	Güter und Dienstleistungen, die zur Erstellung von Gütern und Dienstleistungen kombiniert werden, um landwirtschaftliche Güter herzustellen; die Hauptproduktionsfaktoren in der Landwirtschaft sind Boden, Arbeit und Kapital.
Prostaglandin (PGF_2x)	Löst die Geburt aus und „startet" den Eierstockzyklus erneut.
Pseudogley	Klasse der Stauwasserböden; dieser Bodentyp ist durch den Wechsel jahreszeitlicher Staunässe und Austrocknung geprägt („Stauwasserboden").

Fachbegriff	Erklärung
R	
Repellent	Wirkstoff, der über den Geruchs- oder Geschmackssinn wahr-/aufgenommen wird, um einen Schädling zu vertreiben
RNA	Ribonukleinsäure; Umsetzung von genetischer Information in Proteine
Rodentizid	Chemisches Mittel zur Bekämpfung von Nagetieren
S	
Schadschwelle	Befallsdichte mit Schaderregern, Krankheiten oder Unkräutern, ab der eine Bekämpfung wirtschaftlich sinnvoll ist
Sediment	Organische und/oder mineralische Lockermaterialien, die auf dem Land oder am Grund von Gewässern abgelagert werden
Sedimentationswert (nach Zeleny)	Dieser Wert erfasst die Proteinqualität und gibt Auskunft über die Quellfähigkeit des Proteins.
Sekundärschädling	Diese Schädlinge ernähren sich nicht von den Getreidekörnern (Früchten) selber, sondern z. B. von Schimmelpilzen auf den Körnern (z. B. Hefekäfer).
Stimulationspeak	Zeitdauer der höchsten Befruchtungsfähigkeit; beginnt direkt nach der erfolgreichen Stimulation und dauert 5–15 Minuten. → Besamungspeak
Stoma (Pl. Stomata)	Spaltöffnung
Streptokokken	Im Allgemeinen Bakterien aus dem Stamm Streptococcus. Bei Ferkeln befallen Streptokken das Gehirn. Symptome: Ferkel sehen „verrußt" aus, haben eine schiefe Kopfhaltung, verdrehen die Augen und liegende Ferkel „rudern". Frühzeitiger Einsatz von Antibiotika führt zur Heilung, eine zu späte bzw. ausbleibende Behandlung führt zum Tod.
Systemisches Herbizid	Das Herbizid wirkt erst nach der Aufnahme in der Pflanze (z. B. Wurzelherbizid, Blattherbizid).
T	
Tapen	Einen Pflasterverband einfügen (z. B. bei Spreizer-Ferkel)
Technopathie	Erkankung bzw. Körperschaden an Tieren aufgrund von Haltungsbedingungen
Tierschutz-Nutztier-Haltungsverordnung	Rechtliche Vorschriften zur Haltung von landwirtschaftlichen Nutztieren
Totwasser	Wasser, das durch Kapillarität im Gestein so fest gebunden ist, dass es nicht für Pflanzen verfügbar ist.
Transportrausche	Sie tritt 2–3 Tage nach der Ankunft im Betrieb auf und wird durch den Transportstress ausgelöst.
Trichogramma	Schlupfwespe

Fachbegriff	Erklärung
U	
Umtriebsweide	Eine Weidefläche wird in mind. acht Koppeln eingeteilt. Das Vieh bleibt so lange auf der Koppel, bis eine abgeweidet ist, dann geht es in den Umtrieb.
V	
Vegetative Vermehrung	Ungeschlechtliche Vermehrung
Vorwinterentwicklung	Entwicklung von Wintergetreide bis zum Wintereinbruch; Beispiel: Erreichen des Rosettenstadiums bei Raps; beschreibt eine mögliche Anfälligkeit im Winter.
Vulkanit	Vulkanisches Gestein, Erguss- oder Eruptionsgestein; Bildung aus vulkanischer Aktivität durch rasche Abkühlung an der Oberfläche
X	
Xylem	Holzteil im Leitgewebe; dient als Stützgewebe und zum Transport von Wasser und anorganischen Salzen.

4.2 Arbeitsblattvorlagen

Lernfeld 1 Pflanzliche Erzeugung

Lernfeld 2 Tierische Erzeugung

Zeitstrahl Getreide

S. 53

Dokumentieren Sie unterschiedliche Kulturen während des ersten Ausbildungsjahres.

August

Dezember

August

Düngung ■ Düngung ■ Düngung ■ Aussaat ■ ...

Kultur- u. Kulturmaßnahmen

Kultur I:

Kultur II:

Kultur III:

Kultur IV:

Kultur V:

Zahlenstrahl mit Getreide plus phänologische Jahreszeiten

S. 53

Dokumentieren Sie unterschiedliche Kulturen unter Einbezug der phänologischen Jahreszeiten.

August

Dezember

August

Kultur- u. Kulturmaßnahmen

Phänologische Jahreszeiten

Kultur IV:

Kultur III:

Kultur II:

Kultur I:

Vorfrühling ■ Erstfrühling ■ Vollfrühling ■ Frühsommer ■ Hochsommer ■ Spätsommer
Frühherbst ■ Vollherbst ■ Spätherbst ■ Winter ■ Düngung ■ Düngung ■ Düngung ■ Aussaat ■ …

Tierbeobachtungsbogen

S. 104

Erfassen Sie das Verhalten einer Nutztierart (Kuh oder Schwein) mithilfe einer der folgenden Tabellen.

Name	
Betrieb	
Betriebsgröße	
Produktionszweig	
Beschreibung Herde	

Zeitraum (Datum/Minuten)				
Fressverhalten (Nahrungsaufnahme, Trinken, …, etc.)				
Lokomotionsverhalten (Laufen, Gehen, Rennen, etc.)				
Spielverhalten				
Komfortverhalten (Scheuern, Wälzen, Schlafen, Ruhen)				
Liegen				
Erkundungsverhalten				
Sozialverhalten				
Sexualverhalten				

Besamungskarte

S. 158/159

Dokumentieren Sie die sich aus der Besamung ergebenden Daten in der n Besamungskarte.

Name und Anschrift des Betriebes: ______________________

Betriebsnummer: ______________________

Besamungs-datum	Ohrenmarken-Nr. Kuh/Kalbin	Kenn-Nr. Kuh	Herdenbuchnummer des Bullen	Name des Bullen	Bemerkungen

4.3 Bildquellenverzeichnis

Adobe Systems Software Ireland Ltd, Adobe Stock, Dublin, Irland: Cover © Franco Nadalin, S. 11 © fotokostic, S. 21 © Petr Bonek, S. 30 © Vincent, S. 34/1 © Nataliia Pyzhova, S. 34/3 © mates, S. 97 © peterschreiber.media, S. 99 © davidhewison, S. 150 © Countrypixel, S. 195 © Elena Grishina, S. 221 © mariusz szczygiel

Aumüller, Martin, Röhrnbach: S. 77/1, S. 90, S. 92, S. 142, S. 154, S. 155, S. 158, S. 164, S. 166, S. 184

Baumgartner, Miriam, Dr., TU München: S. 161

Bayerisches Landesamt für Umwelt, Augsburg: S. 16, S. 23

Bayerische Landesanstalt für Landwirtschaft (LfL), Freising: S. 89

Deutscher Raiffeisenverband e. V., Berlin: S. 86 Das Plakat Betriebsanweisung kann beim DG Verlag bezogen werden: https://www.raiffeisen.de/downloads/DRV-Leitfaden_AH_DG-Verlag-Bestellschein.pdf

Dürnegger, Christin, Mehrstetten: S. 13, S. 20

Eder, Antje, Dr., TU München: S. 12, S. 22, S. 28, S. 32, S. 52, S. 77/2, S. 93, S. 121/1, S. 179, S. 193

Ellenberg's Kartoffelvielfalt GmbH & Co. KG, www.kartoffelvielfalt.de, Barum: S. 34/2

EURO-Jabelmann Maschinenbau GmbH, Itterbeck: S. 69/3

Hepper, Jens, Kalefeld: S. 101

Köster, Erwin, Telgte: S. 24/1, S. 113, S. 119, S. 120, S. 121/2, S. 122, S. 123, S. 127, S. 128, S. 129, S. 130, S. 146, S. 147, S. 154, S. 155, S. 165, S. 182, S. 185, S. 211

Penn State Extension, Heinrichs, Jud, Pennsylvania, USA: S. 180

Schmotzer Hacktechnik GmbH & Co. KG, Bad Windsheim: S. 69/1–2

Swissgenetics, die-fruchtbare-Kuh.ch, Zollikofen, Schweiz: S. 156 (Video) www.die-fruchtbare-Kuh.ch

Wilhelmi, Andreas, Münchberg: S. 36, S. 42, S. 43, S. 50, S. 53, S. 60, S. 62, S. 63, S. 72, S. 73

Zeichenbüro des Verlages Europa-Lehrmittel, Ostfildern: S. 24/2

zweiband.media, Berlin: Bildbearbeitung u. Erstellung von Zeichnung nach Autorenvorlagen: S. 6, S. 10, S. 14 (vecteezy), S. 15, S. 20 (vecteezy), S. 22 (vecteezy), S. 32, S. 33, S. 35, S. 38, S. 46, S. 52, S. 60, S. 62, S. 63, S. 72, S. 90, S. 92, S. 121/1, S. 139 (vecteezy), S. 142, S. 179, S. 180